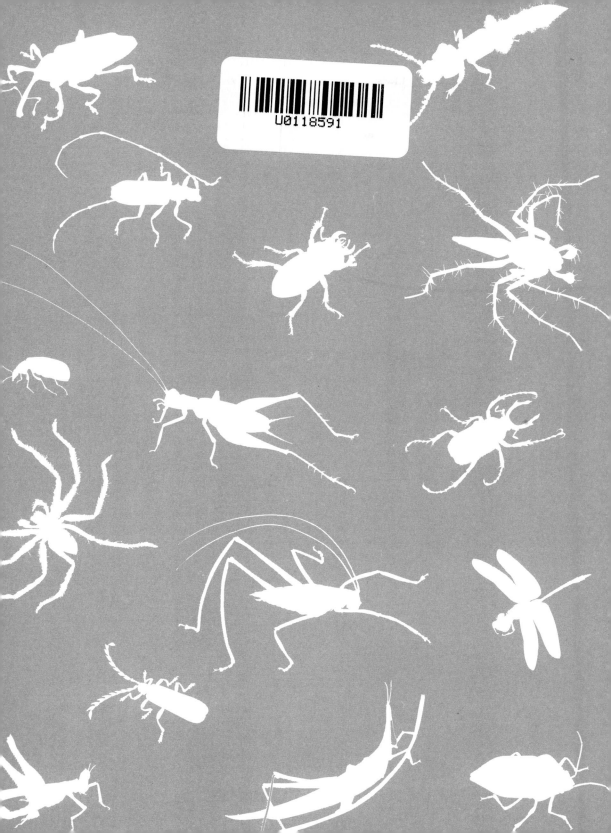

U0118591

# 拜訪
# 昆蟲小宇宙

## 250隻昆蟲的趣味生活筆記

孫淑姿 / 文字·繪圖

## 親近自然的美妙路徑

2006 年，我帶隊去婆羅洲沙勞越作生態旅行，有一晚我們歇在巴哥國家公園的小木屋裡。這晚，我們在夜觀後回到木屋時，天空微雨，並開始從遠處傳來隱隱雷聲。這晚，我在頻頻閃電的餘光中入睡。半夜我醒來，看見窗外偶爾還有閃光，但我沒有聽到雨聲。我起床探看外面天氣。我擔心一夜的雷雨會影響晨間的活動，但我意外發現月光灑滿海灘，我望向海岸林緣，竟有閃光射出，我判斷是相機閃光燈發出的，誰在這三更半夜還在拍照呢？我看看手機，是凌晨近 4 點。今晚只有我們住在這裡，肯定是我們的人，那會是誰？

就在此時，拍照的人拿著手電筒朝木屋走來，到了小路轉角的路燈下，我認出是彭永松伉儷。彭永松拍照的瘋狂與執著在攝影界是出了名的，但自己整夜不睡就算了，還拖著老婆陪他拍照，實在有些過分了。次晨，我以此消遣他，百口莫辯的他，從房間拿出一疊昆蟲素描給我看，是精緻、生動得令我驚艷的針筆畫，原來對於昆蟲的喜愛，孫淑姿的瘋狂一點也不在彭永松之下。

許多攝影界的朋友都會粗淺的認為，何需如此大費周章一筆一點的畫呢？只要按一下快門不就了事了嗎？但，相機亦有它的極限。例如景深：在使用微距鏡頭時，往往不易掌握。又如顏色：我們眼睛看到的色澤與相機拍出來的也常有出入。在立體感上，相機也常遇見瓶頸……只要你細看孫淑姿的針筆畫，你就會明白我說的。

針筆畫是極費工、費時、耗心神、耗眼力，淑姿竟投入十幾年，她的耐心、細心、專心已達入定之境。現在她把十幾年所畫的台灣昆蟲集結出版，正好是我們急需開始回頭重新認識大自然的時代，為許多想接近、認識、欣賞自然，從事自然觀察與體驗的人們，開闢了一條美妙的路徑。

這本書的文字相當令我感動，她把這麼多年對各種昆蟲觀察的經驗，深入淺出又極為生動的分享給讀者，我也體會到她在閱讀以及查察昆蟲科學資料上所下的功夫，這真的是一本值得好好欣賞與細細閱讀的好書。

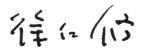

（自然生態攝影作家 荒野保護協會創辦人）

## 放大鏡下的小宇宙

從誤打誤撞畫下第一張昆蟲繪圖以來，竟已過了 10 年時光，當初訝異臺灣昆蟲圖鑑資料之稀少，如今，回頭看看自己的 10 年，也不過畫了 300 種昆蟲，不禁啞然失笑。

透過放大鏡，昆蟲是大自然創造出的精緻藝術品，微觀中見大觀——小小蟲子有如一個體系完整的宇宙，在他們身上可以窺見大自然的奧妙神奇。而這種野趣不必遠求，只要你能靜下心、彎下腰來「明察秋毫」，郊山、公園、花圃、草叢、甚至家屋內外俯拾即得，都會人隨時皆可來一趟自然微旅行。

本書圖片是我觀察昆蟲行為後的紀錄，雖然力求達到科學繪圖的精確性，卻又不希望是大頭照、標本式的畫法，因為我想呈現昆蟲栩栩如生的模樣，畫中蘊藏了我在大自然中所獲得的喜悅、感動以及對於造物者之讚嘆，我想記錄與我一同在臺灣生存的昆蟲。

然而，隨著一次次的外出自然觀察，當初記錄昆蟲的單純想法轉為越來越關心環境的議題，累積繪紀的昆蟲種類數字反而不那麼在乎了。雖然臺灣近年環保意識略為提升，但是有錢有權者的開發未曾停歇，我觀察昆蟲的秘密基地一一遭到摧毀⋯⋯，可我相信大自然比誰都有耐心，假以時日，這些失地終將一一收回。真摯希望我筆下的小生物以及他們的後代能找到另地棲息，平安繁衍，更希望本書最後不是另一本《失落的自然》( Tim Flannery 文·Peter Schouten 圖 )，徒讓後人憑畫遙想多多鳥的生存景象。

本書是以繪圖加上觀察隨筆來介紹昆蟲，目的是讓大家經由輕鬆的過程來認識昆蟲、喜歡自然。但每種昆蟲也盡可能附註拉丁學名、英文名、特徵等基本資料，方便讀者進一步查考。至於昆蟲身分的鑑別方式則完全依據他們的外貌特徵及習性，並非標本採集比對或基因定序等科學鑑定，況且對喜愛自然觀察者來說，採集標本的行為不恰當也不必要。

孫淑姿

# CONTENTS

# CHAPTER 3. 出軌的小宇宙

CHAPTER

1.

打開通往
昆蟲小宇宙的門

人生很奇妙，
一瞬間的感動可以決定一輩子的作為。

## ▲ 與昆蟲畫結緣

事情是這樣的，有一天在草叢裡撿到椿象的屍體，直覺他誇張的角肩可能被命名為角
肩椿象，但遍尋圖鑑卻查不到他的資料。隔天，我便打電話到博物館查詢，費了一番
唇舌後，仍然無法讓對方完全明瞭他的形貌。掛完電話當下，覺得應該將他描繪成圖，
以補言語敘述的不足，為了看清他的所有特徵，我立刻翻箱倒櫃找出放大鏡。在放大
鏡下，原來昆蟲是那麼的迷人，簡直是大自然創造出的精緻藝術品，於是開始了我的
第一張昆蟲繪紀，畫出當時感動瞬間的放大版昆蟲。

小小蟲子有如蘊藏大自然奧妙的一個體系完整之宇宙，從此放大鏡開啟了通往小宇宙
的入口。而我為了發現更多昆蟲生態，便經常當「野人」，與自然觀察紀錄及昆蟲畫
結下不解之緣，山間水邊自得其樂。

一隻黃斑椿象若蟲停棲於樹幹上，身上大大小小的紅斑
點看起來和樹皮上的紅斑點一模一樣，讓人
不易察覺他的存在。

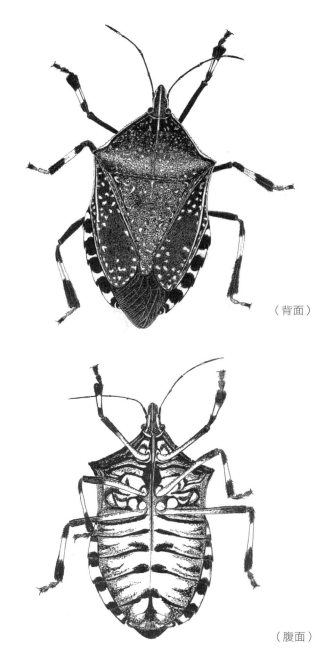

（背面）

（腹面）

**黃斑椿象，**Bark Stink Bug

*Erthesina fullo*，半翅目椿科 Pentatomidae，體長 22 ～ 23mm，植食性，寄主植物種類繁多。成蟲體色
黑色，布黃色不規則斑點。成蟲發現於 8 月份。

# 2 桃花源在眼前

開始昆蟲繪圖後，心底懸思著繪紀題材，
腳下便磁引般屢屢移向觸目所及的植株綠意，
探尋任何可能的繪紀對象，
無意間，我發現了這近在眼前的自然觀察桃花源……

10 年前，我上班的辦公大樓旁有一塊與周遭景觀格格不入的菜園，大小約 15 米見方。辦公大樓與菜園中間有座象徵邊界的小長條花圃，名為花圃，實際上只是種了 3、4 株矮桂花的花台，大花咸豐和海雀稗反倒比較像主角。長期以來，花台都無人注意管理，大概都是老天爺在澆水照顧吧。

## ◢ 都市裡的生機花園

開始昆蟲繪圖後，心底懸思著繪紀題材，腳下便磁引般屢屢移向觸目所及的植株綠意，探尋任何可能的繪紀對象。夏末，我無意間發現了這近在眼前的自然觀察桃花源，便著迷似地頻頻造訪，半年內即繪圖記錄了這裡的 20 種昆蟲——這雜草圃因為鄰近菜園，辦公大樓入口還種有幾棵常見的榕樹和臺灣欒樹，昆蟲生活腹地擴大，出現的種類頗多，簡直可說是生機花園！

但是很可惜，第二年春天，新上任的主事者下令「整頓」內外事務，火勢也延燒到雜草圃，當工人翻土種下豔紅玫瑰的那一刻，桃花源即不辨去向。可我相信大自然比誰都有耐心，假以時日，她會從人類手中收復失土。

依照臺灣民間早期流傳的說法，鄉下阿嬤都會告誡調皮小孩：亂捉蜻蜓會導致臭頭。英國康瓦耳地方也有類似的間接保護生物的傳說：有一種小精靈善變形，會逐漸縮變成螞蟻，所以當地人不敢殺螞蟻。

### 黑棘蟻，Ant

*Polyrhachis dives*，膜翅目蟻科 Formicidae，灰黑色，體長約 7mm，雜食性。發現於 9 月份。

這隻蛾的邪惡面容，讓我起先不敢正眼看他，只是我在附近也好一會兒了，他絲毫沒有移動。心想他的畫像應該很酷，最後誘惑戰勝了畏懼，決定將他繪紀成圖。不過，拿起放大鏡觀察的那一刻，心跳好像加速了些。

### 榕透翅毒蛾，Tussock Moth

*Perina nuda*，雄蛾，鱗翅目毒蛾科 Lymantriidae，頭至腹部末端約 17mm，體黑色，頭、胸腹面部分及各腳、腹部最末節布橙色叢毛。發現於 1 月份。榕透翅毒蛾雄蛾翅膀透明，雌蛾則全身黃白色，翅膀非透明，幼蟲喜食榕樹葉子，最終亦結蛹於榕樹葉面。

童年第一次遇到蜜蜂時，因輕率戲弄而被螫，讓人震撼的是蜜蜂突然落地死去，卻獨留螫針構造仍插在手指上扭動。她是用她的性命來教訓一個無知的人：生命是不能褻玩的。

蜜蜂的螫針長有倒刺，螫人後螫針連同毒囊等組織一併拉出體外，留在人的皮膚上，蜜蜂則因失去螫針受傷而死。胡蜂類的螫針沒有倒刺，所以虎頭蜂能連續螫人而不會死去。

《詩經・小雅・小宛》「螟蛉有子，蜾蠃負之」，螟蛉幼蟲被蜾蠃（狩獵蜂之類的細腰蜂）捉回巢裡，日後卻孵化出蜾蠃，在古人眼裡，蜾蠃自己不生小孩，卻捕捉螟蛉幼蟲回來當小孩，所以養子又稱「螟蛉子」。

像螶蠃這類狩獵蜂的毒螫針打的是麻醉劑兼防腐劑二合一，可以麻痺獵物，不致傷及脆弱的蜂寶寶，更讓餵養蜂寶寶的獵肉長期保鮮不腐爛。雜草圃因毗鄰菜園，吃蔬菜的昆蟲幼蟲多，自然寄生性蜂類不少。而寄生性蜂類當中，有的產卵管外露於腹部，長度駭人，好險不是用來螫人。譬如，蜂類種別最多的科──姬蜂科，其中有產卵管長度超過體長者，她們會先以觸角點測樹幹表面，若感應到樹幹裡的寄主毛蟲，便使勁把長螫針打進樹幹，直刺匿藏深處的毛蟲體內產卵。

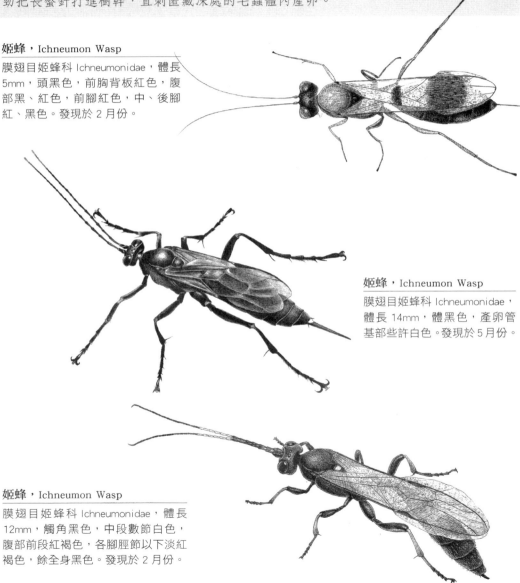

**姬蜂，**Ichneumon Wasp
膜翅目姬蜂科 Ichneumonidae，體長 5mm，頭黑色，前胸背板紅色，腹部黑、紅色，前腳紅色，中、後腳紅、黑色。發現於 2 月份。

**姬蜂，**Ichneumon Wasp
膜翅目姬蜂科 Ichneumonidae，體長 14mm，體黑色，產卵管基部些許白色。發現於 5 月份。

**姬蜂，**Ichneumon Wasp
膜翅目姬蜂科 Ichneumonidae，體長 12mm，觸角黑色，中段數節白色，腹部前段紅褐色，各腳脛節以下淡紅褐色，餘全身黑色。發現於 2 月份。

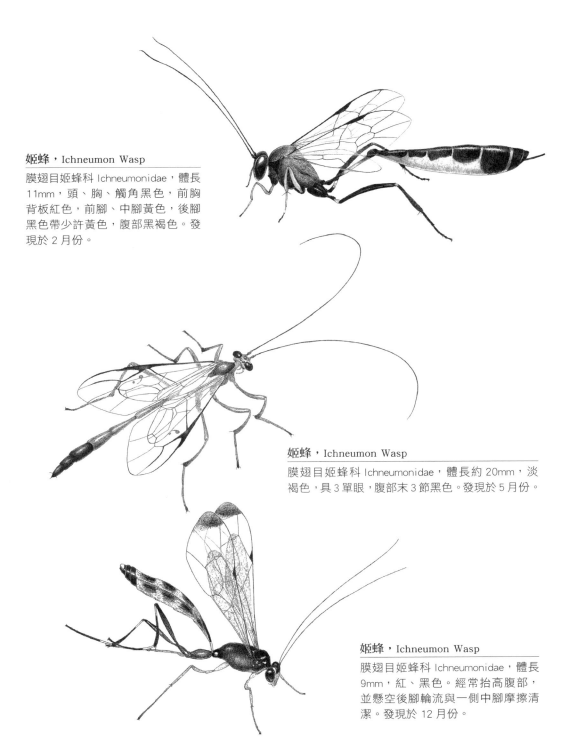

**姬蜂，**Ichneumon Wasp

膜翅目姬蜂科 Ichneumonidae，體長
11mm，頭、胸、觸角黑色，前胸
背板紅色，前腳、中腳黃色，後腳
黑色帶少許黃色，腹部黑褐色。發
現於 2 月份。

**姬蜂，**Ichneumon Wasp

膜翅目姬蜂科 Ichneumonidae，體長約 20mm，淡
褐色，具 3 單眼，腹部末 3 節黑色。發現於 5 月份。

**姬蜂，**Ichneumon Wasp

膜翅目姬蜂科 Ichneumonidae，體長
9mm，紅、黑色。經常抬高腹部，
並懸空後腳輪流與一側中腳摩擦清
潔。發現於 12 月份。

長腳蠅（長足虻）體型小，有耀眼的金屬綠、藍色光澤，而且造型簡約俐落，乍看很有機器蟲的模樣。拍攝長腳蠅時，最常拍到「空照圖」。他的反應比閃光燈還快，往往按下快門前，長腳蠅已飛離取景畫面，徒然「空」照。

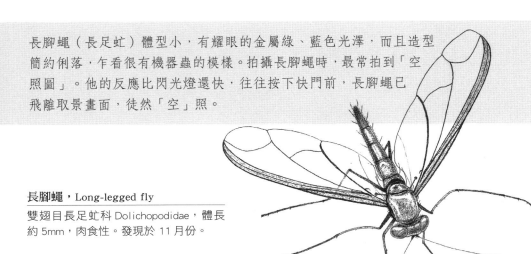

**長腳蠅，**Long-legged fly
雙翅目長足虻科 Dolichopodidae，體長約 5mm，肉食性。發現於 11 月份。

春天氣候漸暖時，臺灣欒樹的種子紛紛落下，也是紅姬緣椿象大發生的時期。他們喜歡吸食臺灣欒樹種子的汁液，成蟲及各齡若蟲更在附近的矮灌叢上聚集成數團，最旺盛的蟲團甚至超過壘球大小，數量相當可觀，地面也開始出現遭　　　車輛輾壓的椿象屍體。此時，其他椿象會過來吸食遭輾同伴的體液，越　　　聚越多，對於車輛往來的危險完全無知，最後可能也和那些死去同伴的命運一樣，變成養分供給後來者。

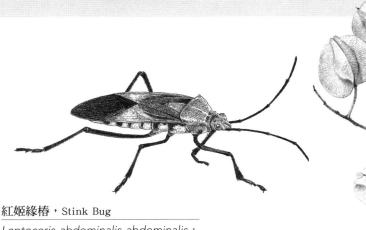

**紅姬緣椿，**Stink Bug
*Leptocoris abdominalis abdominalis*，半翅目姬緣椿科 Rhopalidae，體色紅與黑，體長 13～16mm。發現於 3 月份。

（臺灣欒樹果實）

瘤緣椿喜食甘藷、茄子等旋花科及茄科植物，短角瓜椿的寄主植物是絲瓜、佛手瓜之類，這兩種椿象的現身可以推測隔壁菜園裡種了哪些菜色、菜園主人有沒有灑農藥。

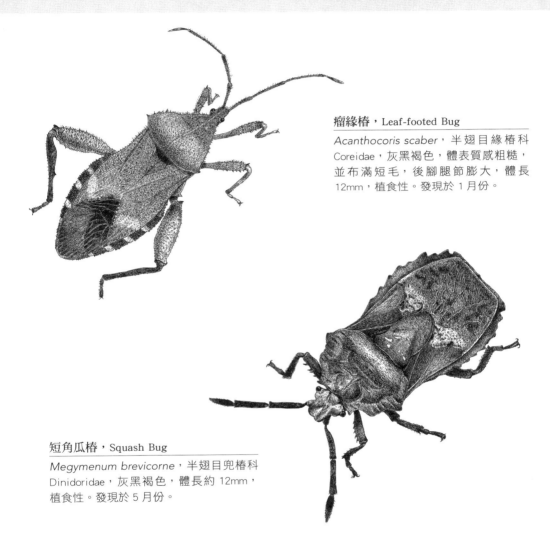

**瘤緣椿，** Leaf-footed Bug

*Acanthocoris scaber*，半翅目緣椿科
Coreidae，灰黑褐色，體表質感粗糙，並布滿短毛，後腳腿節膨大，體長12mm，植食性。發現於 1 月份。

**短角瓜椿，** Squash Bug

*Megymenum brevicorne*，半翅目兜椿科
Dinidoridae，灰黑褐色，體長約 12mm，植食性。發現於 5 月份。

觀察記錄當中，菜園的環境經常飄來童年熟悉的氣味……

唸小學時，每逢暑假，媽媽就會把我和弟弟送到鄉下的外婆家住，我也曾經在鄉下就讀兩年。鄉間生活雖不算富裕，但卻是心靈最滿足的時光，並且在我心裡埋下了親近自然的慾望種子。

## ◢ 滿地蓮霧落果上交配的金龜子

艷陽、滿樹蓮霧、龍眼、咸豐草、木麻黃、
金龜子、青蛙……，小時候每年暑假都會和
這群玩伴見面，兩個月的時光裡，即使天天同
樣的娛樂也毫不厭倦，快樂的像在天堂。只有遇
到突如其來的午後雷陣雨，被迫待在屋簷下，
看著雨水落到熱得快融化的柏油廣埕，頓時
雲霧縹緲，才會以為自己到了另一個仙境。

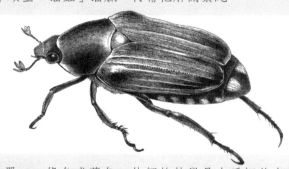

**褐艷騷金龜**，Fruit Chafer
*Cosmiomorpha similis*，鞘翅目金龜子科
Scarabaeidae，黃褐至深褐色不等，視個
體差異，體長約 19mm，植食性。發現於
6 月份。

一隻可憐的金龜子落到小表哥的手裡，後腳被綁上了細繩，任憑死命振翅飛翔，還是
逃不出小表哥的手掌心。只好等一干頑童「溜蟲」溜膩，再幫他解開繫繩。

**蒙古豆金龜**，Scarab Beetle
*Popillia mongolica*，鞘翅目金龜子科
Scarabaeidae，綠色，具金屬光澤，體長
約 10mm，腹部末端有兩叢白毛，植食
性。發現於 7 月份。

臺灣琉璃豆金龜體色單一，綠色或藍色。他們的特徵是小盾板後有橫
凹條，尾節板後沒有一對白色毛叢。

**臺灣琉璃豆金龜**，Scarab Beetle
*Popillia mutans*，鞘翅目金龜子科 Scarabaeidae，
體長約 13.5mm，植食性。發現於 6 月份。

## ◢ 獨角仙的甜蜜記憶

在鄉下就讀小學時，暗戀我的調皮男同學偷偷塞給我一個信封袋，
我裝作若無其事地藏進書包裡。等下課回家，我躲
進房間打開信封，裡面竟是一隻活生生
的獨角仙。雖然我猜不出男同學的用意，
但那是我跟獨角仙的第一次接觸，這個禮物立
刻擄獲了我的心！

獨角仙，Fork-horned Rhino Beetle

*Allomyrina dichotoma*，鞘翅目金龜子科 Scarabaeidae，體
長 50mm，觭角 30mm，亮黑褐色，植食性。發現於 9 月份。

## ◢ 地瓜田裡的寶貝

外公種菜時，小孩子通常不會跟，可是不知道為什麼，如果外公說要去挖地瓜，總會
出現一票跟班，連隔壁鄰居的小孩也來湊熱鬧，難不成大家和我一樣幻想著烤地瓜？
大家圍著地瓜田，看外公一人鋤田翻土，隨著地瓜蔓叢撥動，一條黯藍色的蟲瘋狂扭
動，原來是麗紋石龍子斷尾求生。田地像藏了寶，藏了好幾顆地瓜，還有幾條肥滋滋
的 C 型雞母蟲，外公把他們丟給雞當點心。有的地瓜有洞洞，葉子也有咬痕，這些是
甘藷蟻象幼蟲及成蟲的傑作。

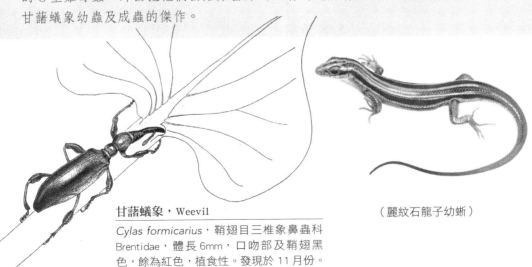

甘藷蟻象，Weevil

*Cylas formicarius*，鞘翅目三椎象鼻蟲科
Brentidae，體長 6mm，口吻部及鞘翅黑
色，餘為紅色，植食性。發現於 11 月份。

（麗紋石龍子幼蜥）

## ▲ 難忘「灌土猴」的滋味

農閒時，外公偶爾會帶我們到菜園裡「灌土伯」、「灌土猴」。外公相準地面上開口如錢幣大小的洞，再提水緩緩灌進洞口，大家屏息直盯洞口等「開獎」，不久俗稱土伯、土猴的螻蛄、蟋蟀就會被水流逼離地下巢穴，竄出地面洞口奔逃，小孩子則在四周興奮尖叫、狂跳，混亂中，外公徒手抓住蟲子，大家這時才鬆一口氣。外公將蟲子稍做清理後，放進灶口邊煨烤，不一會兒，四溢的香味惹得大家直吞口水，雖然每個人只分到一小塊，但大家都吃得很開心。

（前腳如九齒釘鈀的螻蛄）

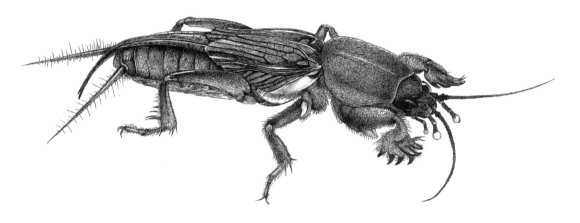

**螻蛄，**Mole Cricket

*Gryllotalpa africana*，直翅目螻蛄科 Gryllotalpidae，體長 31mm，褐色，上翅短，下翅長度超過腹部，雜食性，穴居地底。發現於 10 月份。

## ▲ 蟬蛻 —留住成長的證據

人類用相片留住自己小時候的樣子；蟬則直接留著自己小時候的軀殼。舅舅說他們小時候都去撿蟬蛻賣給中藥店，我們一群小朋友聽了不太能理解，整天只知道玩耍，拿長桿子抓蟬。

（蟬若蟲爬上樹葉羽化後留下的蟬蛻）

美國有一種 17 年蟬，小小昆蟲竟然有 17 年的壽命。而且，他們沒有行事曆，也沒有電話，就是可以約在閉關 17 年後一起出現，真是太神奇了。不過，蟬羽化後即展開覓食、交尾、產卵的短暫過程，完成傳宗接代任務後便告落幕，雄蟬甚至交尾後數天死亡，此時地上便可撿到完整的蟲體。

右下圖可看出雄蟬腹面的發音組織，基本上內部是一個中空的共鳴音箱，還有鼓膜、鏡膜的構造，外面的腹瓣則是兩片音箱蓋片。

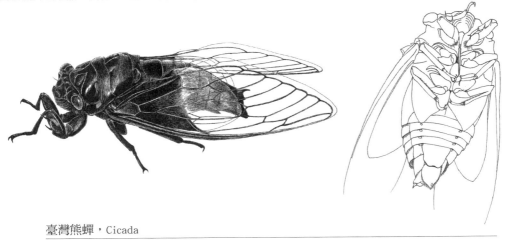

臺灣熊蟬，Cicada

*Cryptotympana holsti*，半翅目蟬科 Cicadidae，體長 48mm，黑色，植食性。發現於 9 月份。

## 3 秘密基地 I、II、III

桃花源暫時隱閉入口之際，
心中自然觀察紀錄的意念蠢蠢欲動，
於是轉向交通便捷的郊山，
陸續發現了幾個秘密基地……
探尋過程同時也發現自己的重心、定位——
找到了秘密基地等於找到了自己。

### ◢ 山丘上的秘密基地 I

拍攝昆蟲的秘密基地在小山丘上，繞過兩個之字形的小路就到了。蝴蝶通常會在入口前 100 公尺歡迎你，入口處有一叢大花咸豐，擺設如客廳的長型沙發。當你進門的時候，活潑一點的主人家會主動跟你打招呼；害羞一點的連動也不動一下。就像現在，虎甲蟲會一直帶路邀你入內，蜂兒繞著你團團轉，但是內向的葉蟬窩在沙發裡，假想著你沒有看到他，當你靠前打招呼的時候，他又急忙的躲到後面的房間。你鬧著追他，他的菱蝗朋友會分散你的注意力，從潮溼的地面往四處飛起，他的表弟草蟬也會在一旁「聲援」。

直接往前吧！這個基地裡還有好幾個包廂，像右前方的枯樹包廂有紅領虎天牛在門口徘徊；蕨類包廂裡有豆芫菁在聚餐；芒草包廂則彷彿一個聯合國，有鐵甲蟲、象鼻蟲、負蝗、螳螂、舉尾蟻……一路上還有好奇的蚊子會不斷地前來打探你的血型、基因，並取得樣本。等你和包廂裡外的蟲子一一打過招呼，太陽就快下山了，幾隻蒼白的蛾好心飛來提醒你這個訊息。再往前走一小段吧！反正四處有螢火蟲打著燈籠巡更。暗夜裡，很多蟲子歇息了，只剩下夜貓子蟲精神越來越好，螽斯被手電筒發現在狼吞虎嚥，白蟻也還在熬夜工作。不過，很晚了，這裡不提供住宿服務，你該回自己的窩休息了！

虎甲蟲又稱帶路蟲，他們喜歡停在路面中央，人往前走近時，虎甲蟲便向前飛跳數公尺，當人繼續前進，他們就再往前飛跳，如此二、三回後才躲入草叢。

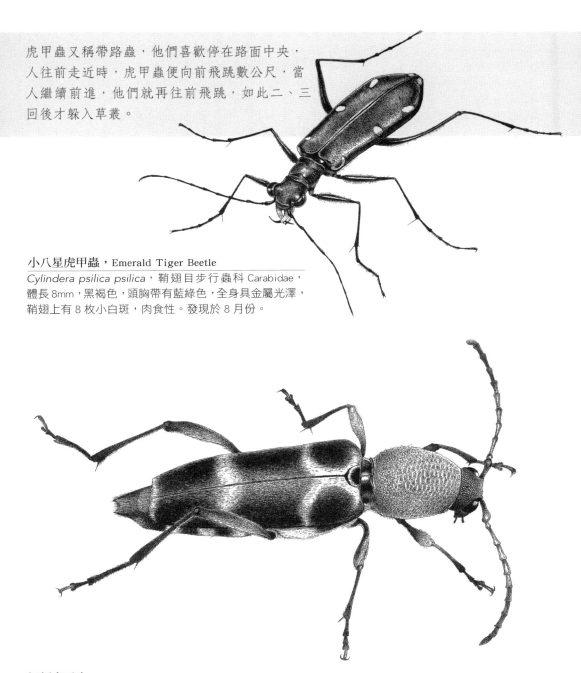

小八星虎甲蟲，Emerald Tiger Beetle
*Cylindera psilica psilica*，鞘翅目步行蟲科 Carabidae，體長 8mm，黑褐色，頭胸帶有藍綠色，全身具金屬光澤，鞘翅上有 8 枚小白斑，肉食性。發現於 8 月份。

紅領虎天牛，Longhorn Beetle
*Xylotrechus magnicollis*，鞘翅目天牛科 Cerambycidae，雌，體長 14mm，頭黑色，前胸紅色，梨形，具顆粒粗糙質感，鞘翅黑色，具米黃色斑紋，觸角及各腳黑色，布白色細毛，植食性。發現於 5 月份。

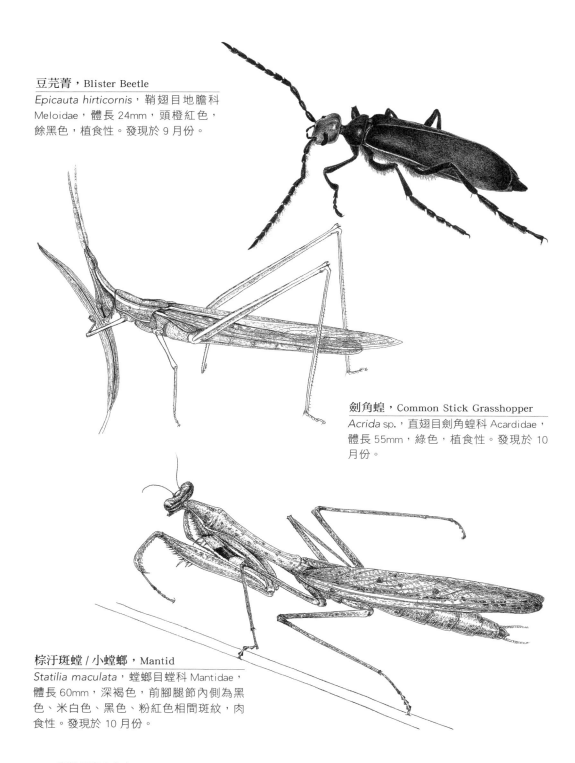

**豆芫菁，**Blister Beetle
*Epicauta hirticornis*，鞘翅目地膽科
Meloidae，體長 24mm，頭橙紅色，
餘黑色，植食性。發現於 9 月份。

**劍角蝗，**Common Stick Grasshopper
*Acrida* sp.，直翅目劍角蝗科 Acardidae，
體長 55mm，綠色，植食性。發現於 10
月份。

**棕汙斑螳 / 小螳螂，**Mantid
*Statilia maculata*，螳螂目螳科 Mantidae，
體長 60mm，深褐色，前腳腿節內側為黑
色、米白色、黑色、粉紅色相間斑紋，肉
食性。發現於 10 月份。

## ◢ 下交流道，五分鐘就到的秘密基地 II

這不是房地產廣告，而是我家後花園所在，拍攝昆蟲的秘密基地之一。後花園離市區不遠，但屬於水庫管制區範圍，開發受到限制，加上道路狹窄，路況不佳，所以鮮少人跡。除了偶有下到溪谷的釣魚人和誘捕虎頭蜂的捕蜂人外，通常整座山頭只有我跟老公兩人，外加一條狗。

四輪傳動車顛顛簸簸駛進，芒草及灌木叢突出路面作隧道式洗車，在積水坑，泥巴碎石等著與輪胎一番較量後放行……大約每隔數百公尺才有較寬廣處可停車讓車子喘息，剛開始我們以第一、第二、第三停車場稱之，後來便以發現的物種命名，於是，第二停車場改為猴仔便便停車場，第三停車場則因本人屢遭水蛭吸血而改名水蛭停車場。車行盡頭是最寬廣的一塊空地，而且有上游的純淨水源可取用，便成為我們煮咖啡、吃飯的地方。水源的流速和流量記載了最近幾日的氣象報告。

過了這處休息站，路面只通人行，愈往裡走，路愈窄、草更長、環境更自然，偶爾還可聽到山羌吠叫。每逢大雨過後，後花園必有路面損壞或崩土堆積，從未見有關單位整修，這樣倒也不見得是壞事。

2011 年夏天的一場颱風過後，約 10 公尺長的路面坍塌，形成一個大崩坑，必須沿著古蜀棧道般的剩餘邊坡，拉著捕蜂人架設的繩索，才能到達「對岸」。想到前面向陽開闊地花草豐茂、蟲飛蝶舞的景象，咬牙決定冒險貼壁，越過大崩坑，正思索如何帶著大狗通過，他已經快步來回邊坡，宣告人類操心之多餘，並催促我們勇往直前。

其實後花園屬次生林，多年的觀察中，動植物變化不大。不過，大約 5 次裡會有一次的機率遇到前所未見的「新種」，而最奇怪的是，他們都只露一次臉便不見蹤影。雖然物種不算多，但我們愛上這裡的寧靜、無人叨擾。

長額蟋，Cricket
*Patiscus* sp.，直翅目蟋蟀科 Gryllidae，頭至尾毛末端 30mm，褐色。發現於 10 月份。

**葉蜂，**Sawfly
膜翅目葉蜂科 Tenthredinidae，體長
11mm，有 3 個單眼。頭、胸紅褐色，
腹部紋路黑黃相間，第一節透明黃
色、具黑斑。翅膀煙燻色，上翅末
端近外緣處覆黑色斑塊，植食性。
發現於 10 月份。

**螽斯（若蟲），**Katydid
直翅目螽斯科 Tettigoniidae，綠色。
發現於 7 月份。

## ◢ 一點也不秘密的秘密基地 III

這個基地位於假日人來人往的步道上，其實一點也不秘密，只不過人們視若無睹而已。
順著岩壁與步道間的一條 3 公尺寬、10 公尺長的狹長地帶，鄰近溝渠，草木豐美，
在昆蟲老饕眼裡，是菜色變化多樣的吃到飽餐廳。

看看這隻菊虎，黃色的前胸背板，金屬綠色光澤般的鞘翅，簡直媲美珠寶金工作品，帶著相機或畫筆來，只要用心觀察，保證不會讓你失望的。不過先講好，一整天下來汗流浹背、蚊蚋趁虛叮咬，可別罵我，這個充實心靈的收穫絕對值得你付出皮肉之苦！

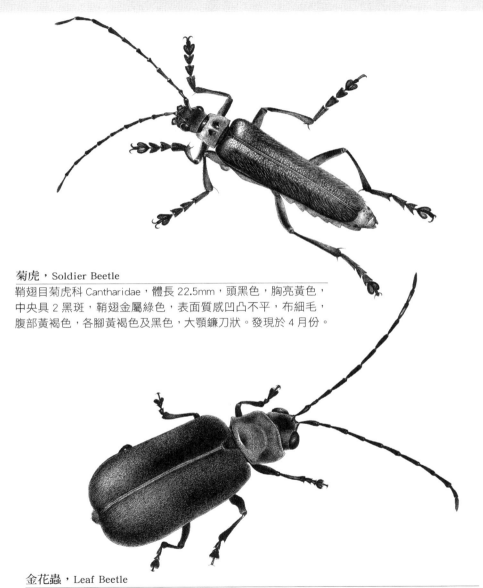

**菊虎，** Soldier Beetle

鞘翅目菊虎科 Cantharidae，體長 22.5mm，頭黑色，胸亮黃色，中央具 2 黑斑，鞘翅金屬綠色，表面質感凹凸不平，布細毛，腹部黃褐色，各腳黃褐色及黑色，大顎鐮刀狀。發現於 4 月份。

**金花蟲，** Leaf Beetle

鞘翅目金花蟲科 Chrysomelidae，體長 7mm，頭、胸紅色，餘黑色，前胸背板近鞘翅處略凸起，鞘翅布毫毛，植食性。發現於 10 月份。

**白斑筒金花蟲，**Leaf Beetle

*Cryptocephalus luteosignatus*，鞘翅目金花蟲科 Chrysomelidae，體長 5mm，頭、胸橘紅色，鞘翅黑色，左右各有 5 個米白色大斑塊，肩角處還有 1 個小白斑，植食性。發現於 4 月份。

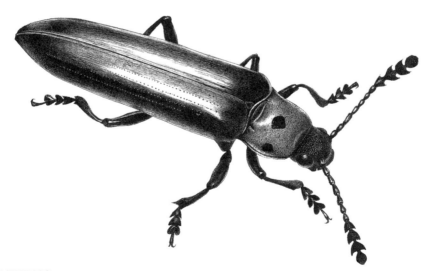

**大擬叩頭蟲，**Lizard Beetle

*Tetraphala collaris*，鞘翅目大蕈甲科 Erotylidae，體長 16mm，胸背板紅色，具 3 黑斑，餘全身黑色。發現於 6 月份。

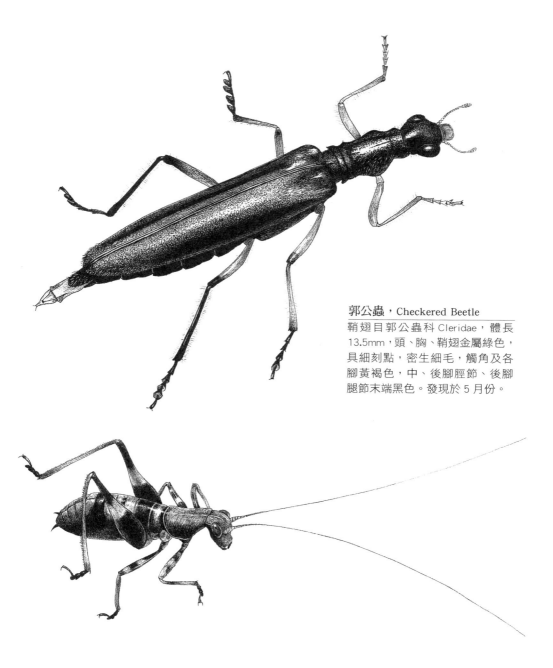

**郭公蟲，**Checkered Beetle
鞘翅目郭公蟲科 Cleridae，體長
13.5mm，頭、胸、鞘翅金屬綠色，
具細刻點，密生細毛，觸角及各
腳黃褐色，中、後腳脛節、後腳
腿節末端黑色。發現於 5 月份。

**蟴斯（若蟲），**Katydid
直翅目蟴斯科 Tettigoniidae，體長 7mm，觸角長 18mm，體背布綠色，褐色斑塊，保護
色極佳，後腳腿節粗大。發現於 4 月份。

CHAPTER

2.

走訪昆蟲小宇宙

## 1 蓊鬱山野——林木草叢 常見的昆蟲

植物與昆蟲之間的關係密切，
經過長期演化，更為錯綜複雜。
簡單而言，植物提供昆蟲營養與棲所，
植物相豐富的山野綠林無疑是昆蟲大本營。

秋天裡，大蝦殼椿象常常跟風在芒草上玩翹翹板遊戲。

**大蝦殼椿象，**Stink Bug

*Megarrhamphus truncatus*，半翅目椿科 Pentatomidae，
體長 22mm，頭、胸黃褐色，胸背板布皺褶狀紋路，小
盾板狹長，前翅粉紅色，革質，植食性。發現於 9 月份。

別誤會，這不是被插針的標本，他活生生就長這副模樣，我暱稱
他「天線椿象」。我不畫標本，我喜歡觀察昆蟲的行為動態，再
繪紀他們特別的一面。

**角盲椿，**Plant Bug

*Helopeltis cinchonae*，半翅目盲椿科 Miridae，
頭至腹端 4mm，黑色，觸角長，小盾板上具一
長釘狀突起，植食性。發現於 12 月份。

曾經在國家公園遇到幾個西方人，不論是看見多麼普通的
小昆蟲，他們都可以驚喜莫名、讚嘆連連，和喜好巨
大怪奇的東方人心態完全不同，這種東西方文化
上的差異也適用在賞鳥與賞花。

**椿象（若蟲），Plant Bug**

半翅目，體長 5mm，植食性。發現於 11 月份。

這隻椿象體色金綠及黑色，但移動觀看角度時則顯現金橙色。近幾年聽聞有噴漆廠研
究開發隨視覺角度不同而有光影變化的噴漆，殊不知大自然早已在小蟲身上揮灑出這
樣的光彩。這隻椿象若蟲，身體在半天內逐漸變大，金綠
色花紋外衣下，露出少許肉肉，好像胖孩子衣服穿太
小的模樣。

**琉璃星盾椿（若蟲），Rainbow Shield Bug**

*Chrysocoris stollii*，半翅目盾背椿科 Scutelleridae，
體長 9mm，金綠色，布黑色斑塊，植食性。發現於
9 月份。

## ◢ 盛裝的紳士

姬赤星椿象是注重禮儀的紳士，大家都
打著蝴蝶領結盛裝赴宴。

**姬赤星椿象，Cotton Stainer**

*Dysdercus poecilus*，半翅目紅椿科
Pyrrhocoridae，體長 9mm，紅橙色，膜
質下翅黑色，植食性。發現於 10 月份。

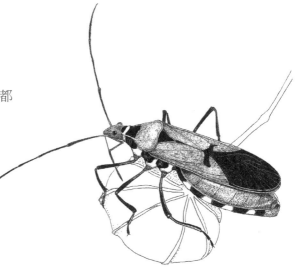

## ◢ 看看誰滑稽

黃盾背椿象是個「雙面蟲」，翅上的斑
點像滑稽的卡通人臉，正著看是小孫子；
倒著看是老阿公。

**黃盾背椿象，**Yellow-spotted Shield Bug
—————————————————————
*Cantao ocellatus*，半翅目盾背椿科 Scutelleridae，
頭至翅端 22mm，橙黃色，腹部金屬綠色及黃色，
各腳金屬綠色，單眼 2 枚，光線照射下有如鑲嵌小
紅寶石，植食性。發現於 1 月份。

另一種盾背椿象——大盾椿，鞘翅斑點像更簡化的卡通人臉。

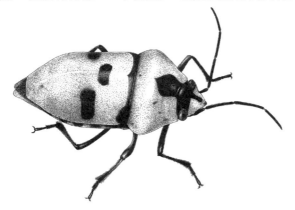

**大盾椿，**Shield Bug
—————————————————————
*Eucorysses grandis*，半翅目盾背椿科
Scutelleridae，頭至翅端 22mm，白色，
盾背上黑斑 3 枚，全身密布細點刻紋，
各腳黑色，具靛藍色金屬光澤，植食
性。發現於 1 月份。

眼紋廣翅蠟蟬外型彷彿蛾類，翅膀上有一對像眼睛的花紋，有些蝶蛾也有眼紋，據說
有恫嚇掠食者的作用。蠟蟬和其他蟬類一樣，只
要你的動作不要太大，可以和他們在植物
草莖上玩捉迷藏的遊戲。

**眼紋廣翅蠟蟬，**Broad-winged Planthopper
—————————————————————
*Euricania ocella*，半翅目廣翅蠟蟬科 Ricaniidae，
頭至翅端 9mm，暗褐色，翅透明，外緣及各翅中
央眼狀紋路黑色，植食性。發現於 8 月份。

椿象的口器是刺吸式，有長有短，有的吃素、有的吃肉，
隨身攜帶吸管，吃飯挺方便的。吃肉的吸管外緣甚至還附
有鋸齒或倒刺。

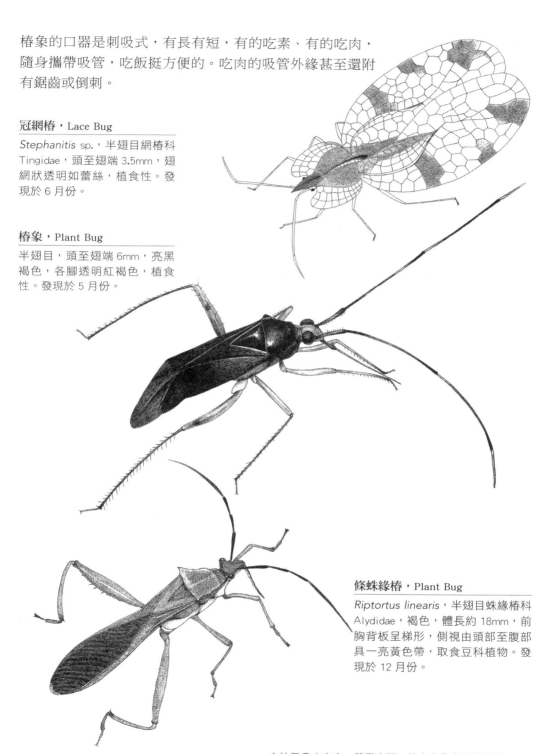

### 冠網椿，Lace Bug

*Stephanitis* sp.，半翅目網椿科
Tingidae，頭至翅端 3.5mm，翅
網狀透明如蕾絲，植食性。發
現於 6 月份。

### 椿象，Plant Bug

半翅目，頭至翅端 6mm，亮黑
褐色，各腳透明紅褐色，植食
性。發現於 5 月份。

### 條蛛緣椿，Plant Bug

*Riptortus linearis*，半翅目蛛緣椿科
Alydidae，褐色，體長約 18mm，前
胸背板呈梯形，側視由頭部至腹部
具一亮黃色帶，取食豆科植物。發
現於 12 月份。

**瘤緣椿（若蟲）**，Leaf-footed Bug

*Acanthocoris scaber*，半翅目緣椿科 Coreidae，灰白色，體長 5mm，植食性。發現於 5 月份。

**擬棘緣椿**，Plant Bug

*Cletomorpha raja*，半翅目緣椿科 Coreidae，褐色，體長約 10mm，前胸背板側葉外伸如側角，前翅中央具「一」字形黃色橫紋，植食性。發現於 11 月份。

**臺灣鬚緣椿**，Leaf-footed Bug

*Dalader formosanus*，半翅目緣椿科 Coreidae，深紅棕色，體長約 26mm，觸角 4 節，第三節成葉片狀，末端黃色，腹背板外突如葉片狀，植食性。發現於 3 月份。

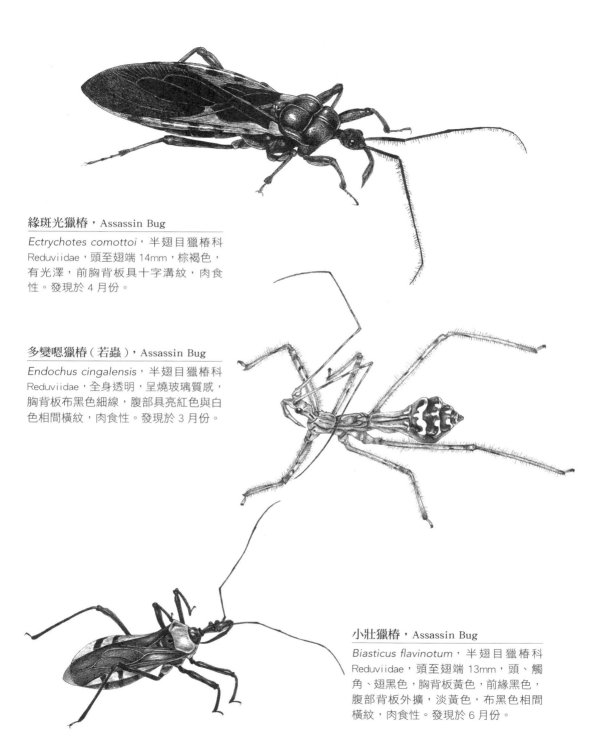

**緣斑光獵椿，**Assassin Bug

*Ectrychotes comottoi*，半翅目獵椿科
Reduviidae，頭至翅端 14mm，棕褐色，
有光澤，前胸背板具十字溝紋，肉食
性。發現於 4 月份。

**多變嗯獵椿（若蟲），**Assassin Bug

*Endochus cingalensis*，半翅目獵椿科
Reduviidae，全身透明，呈燒玻璃質感，
胸背板布黑色細線，腹部具亮紅色與白
色相間橫紋，肉食性。發現於 3 月份。

**小壯獵椿，**Assassin Bug

*Biasticus flavinotum*，半翅目獵椿科
Reduviidae，頭至翅端 13mm，頭、觸
角、翅黑色，胸背板黃色，前緣黑色，
腹部背板外擴，淡黃色，布黑色相間
橫紋，肉食性。發現於 6 月份。

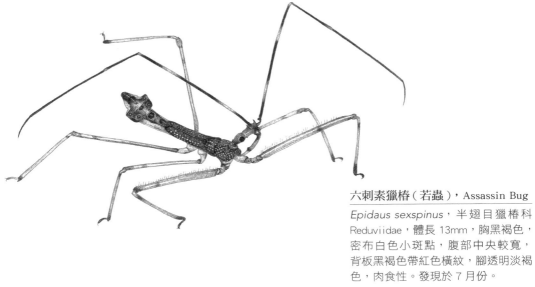

六刺素獵椿（若蟲），Assassin Bug
*Epidaus sexspinus*，半翅目獵椿科
Reduviidae，體長 13mm，胸黑褐色，
密布白色小斑點，腹部中央較寬，
背板黑褐色帶紅色橫紋，腳透明淡褐
色，肉食性。發現於 7 月份。

## ◢ 狠角色登場

林蔭下，遠處的振翅聲瞬間變得清晰，殺手對目標方位十分確定，霎時已飛抵這片人
高的姑婆芋，葉片上受害者慘絕蟲寰。目擊者屏住呼吸，深怕殺手察覺，凶器是剪刀
大顎，手法殘忍，每次剪取一段，嚼成丸狀後銜飛而去，又頃刻返還，如此來回數趟
而止，現場僅餘丁點蛛絲馬跡，待蒼蠅探長仔細鑑識。

長腳蜂，Paper Wasp
膜翅目胡蜂科 Vespidae，體長 20mm，腹黃、
黑色，腳褐色，後腳脛節黑色。發現於 6 月份。

## ◤ 一物剋一物

一般人印象中，蜘蛛可是向來無往不利的昆蟲殺手，但是遇上蛛蜂卻完全招架不住。蛛蜂經常在草叢間用觸角拍點地面，搜尋「蛛絲馬跡」。他們身手敏捷，一發現蜘蛛，就像功夫高手點人穴道般，以迅雷不及掩耳的速度伸出腹末毒針制伏蜘蛛，然後，看來細瘦、弱不禁風的蛛蜂便拖著肥重的蜘蛛回巢，並且在蜘蛛腹部產下一粒卵。而蜘蛛並未死亡，只是被注射了二合一：麻醉兼防腐劑，避免蜘蛛亂動傷及蜂寶寶，而且食物還長保新鮮。

**蛛蜂**，Spider-hunting Wasp
膜翅目蛛蜂科 Pompilidae，體長約 15mm，頭灰黑色，胸腹黑色，具金屬光澤，翅煙燻色，前腳全黑，較短，中、後腳黑色，腿節黃色。發現於 12 月份。

## ◤ 母愛真偉大

黃胸泥壺蜂體色是漂亮鮮明的紅、黃、黑色，具有細長的腹柄。可曾在野外看過小小的泥巴酒壺，這不是小孩子辦家家酒，而是黃胸泥壺蜂的作品，用來做為育嬰房。泥壺蜂媽媽啣水至沙地或是直接至積水泥坑，以大顎攪和泥巴塑成泥球，再啣至適當地點築巢，她的巢就是這種泥製酒壺，然後獵捕蝶蛾的幼蟲回來，置入巢中並產卵，再把壺口封住便大功告成。寶寶孵化後馬上有現成的食物，而且住的地方既堅固又安全。

**黃胸泥壺蜂**，Potter Wasp
*Delta pyriforme*，膜翅目胡蜂科 Vespidae，體長約 30mm，頭、胸前緣黃色，胸後段紅褐、黑色，腹部第一節紅褐、黑色，第二節後黃色，具黑色環紋。發現於 10 月份。

前面幾種大型狩獵蜂的獵捕對象體型較大，而體型較小的方頭泥蜂也屬於狩獵蜂，她們則獵捕雙翅目的小型昆蟲給寶寶吃。

**方頭泥蜂，**Wasp

*Ectemnius* sp.，膜翅目銀口蜂科 Crabronidae，體長 6mm，黑色，布黃色斑紋，複眼大，腹柄短，休息時常將前腳蜷起。發現於 8 月份。

寄生蜂種類頗多，大多直接產卵寄生於其他特定種昆蟲的卵、幼蟲、蛹甚至成蟲，例如姬蜂；有的卻採迂迴做法，例如鉤腹蜂，蜂媽媽將卵產在葉緣，等毛蟲吃葉子同時，將卵吃進肚裡，然後卵就在寄主毛蟲的體內寄生長大。

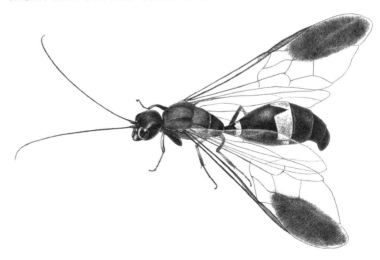

**鉤腹蜂，**Wasp

*Taeniogonalos* sp.，膜翅目鉤腹蜂科 Trigonalidae，體長 11mm，頭黑色，複眼大，眼眶白色，前、中胸背板橙紅色，後胸背板黑色，腹部黑色，第二節具較粗寬黃紋，大顎發達，白色，內側具尖齒。發現於 12 月份。

## ◢ 穿皮草貴婦

熊蜂是穿戴皮草的蜂，春寒時節，只有她起個大早，穿梭花間，嗡嗡作聲，到處炫耀。熊蜂的振翅聲給了俄國作曲家 Nikolai Rimsky-Korsakov 靈感，寫出 "Flight of the Bumble bee" 經典名曲，坊間中文翻譯多為〈大黃蜂的飛行〉，實際上應為熊蜂，原作以小提琴模擬熊蜂振翅頻率，描寫熊蜂從遠處飛來，再漸漸消失遠去。後有多種樂器甚至人聲的改編版本，因為節奏極快，非常適合炫技。

**精選熊蜂，Bumble Bee**

*Bombus eximius*，膜翅目蜜蜂科 Apidae，頭、胸、觸角黑色，腹部前半段黑色、後半段橙色，各腳脛節以下密生橙色毛。發現於 3 月份。

## ◢ 蜂腰美人照過來

蜂類胸部與腹部相接處有一段外型如「腰」的構造，昆蟲學家按照蜂腰的粗細分類為「細腰亞目」和「廣腰亞目」。前面介紹的狩獵型長腳蜂、寄生蜂以及熊蜂等屬於「細腰亞目」；腰圍粗的「廣腰亞目」則是較為原始的類群，幼蟲取食植物，蜂媽媽只要到寄主植物將卵產下即大功告成離去，例如葉蜂科、三節葉蜂科的蜂類，有的從名字就可得知他們的寄主植物，例如「杜鵑三節葉蜂」等。

**葉蜂，Sawfly**

膜翅目葉蜂科 Tenthredinidae，體長約 12mm，黑色，腹節黑色，部分帶透明綠色。發現於 7 月份。

**葉蜂，Sawfly**

膜翅目葉蜂科 Tenthredinidae，
體長約 10mm，黑褐色及透明
褐色。發現於 5 月份。

**杜鵑三節葉蜂，Sawfly**

*Arge similis*，膜翅目三節葉蜂科 Argidae，
體長約 11mm，藍黑色，具金屬光澤，觸
角黑色，密布細毛。發現於 3 月份。

**榆三節葉蜂，Sawfly**

*Arge flavicollis*，膜翅目三節葉蜂科
Argidae，觸角 3 節，第一、二節甚短，
末節條狀，體長約 9mm，黑色，胸
部橙紅色。發現於 12 月份。

## ▲ 深藏不露神祕客

遍查圖鑑，這隻昆蟲仍身分不明，頭、腹部亮黑色，胸3節紅色，眼大、顎大，乍看頗似螞蟻，但觸角非屈膝狀。某天偶然在生態頻道居然看到相似的身影，那是大名鼎鼎的 David Attenborough 主持的〈矮樹叢裡的小生物〉，節目中有一段介紹「小土蜂」，這種無翅蜂類多於地面活動，頭黑色，中胸3節成鏈球狀、紅橙色，腹黑色。兇猛的虎甲蟲幼蟲雖然襲擊螞蟻多能成功，但是遇上這種「小土蜂」卻束手無策，因為「小土蜂」行動更加敏捷，她直驅虎甲蟲幼蟲巢穴，躲開虎甲蟲幼蟲的攻擊，並瞬間螫刺幼蟲，將卵產入虎甲蟲幼蟲體內。

**小土蜂，Tiphiid Wasp**
膜翅目小土蜂科 Tiphiidae，體長 9mm，頭、腹亮黑色，胸紅色，觸角紅、黑色，各腳紅、黑色。發現於 10 月份。

繪紀昆蟲以來，總是力求畫得越精細越好，現在回過頭看早期的這件作品，卻有「這樣的風格可能再也畫不出來」的感觸，就像有人刻意模仿幼童的筆觸作畫，但終究顯得刻意。再進一步想，昆蟲繪紀要精細到什麼程度才算精細？如果你看過電子顯微攝影圖片，恐怕這個問題就不是那麼容易回答了，因為那感覺像我們被縮小並鑽進昆蟲的毛海裡一樣。

**紅后負蝗，Common Stick Grasshopper**
*Atractomorpha sinensis*，直翅目錐頭蝗科 Pyrgomorphidae，體長約 35mm，頭部尖長，綠色型。發現於 8 月份。

## ◢ 粉墨登場

瞧！黑翅細斯若蟲的穿著打扮，「紅美黑大方」。大自然是最時尚的設計師。

螽斯類昆蟲觸鬚很長，是重要的感覺器官，需要時時保持潔淨。他們會像京劇演員，經常來個「單掏翎」出場，首先舉起前腳勾住頭頂的觸鬚，將觸鬚拉向口器，再以口器輕輕咬著觸鬚基部，然後逐漸鬆開至觸鬚末端舔舐乾淨。完成後再換另一支觸鬚，重複相同的動作。

**黑翅細斯（若蟲）**，Meadow Katydid

*Conocephalus melas*，直翅目螽斯科 Tettigoniidae，體長 9mm，觸角長 40mm，體紅色，腹後半部黑色，具亮澤，腳黑色，後腳腿節有一圈白斑。發現於 9 月份。

數年前，「故宮國寶破損」事件喧騰一時，指的正是「翠玉白菜」上的蟲鬚短損了 0.5 公分。這隻名蟲就是俗稱紡織娘的螽斯，觸鬚如絲，且多超過體長，在野外看到的，也常常是左右觸鬚長短不一，折損率很高。

別看螽斯一副吃素模樣，曾經把兩隻體型大小相當的螽斯放在同一個容器裡，準備了兩「人」份的禾本科宵夜給他們。隔天一早，要帶他們回原棲地前，卻發現其中一隻不見了，但罐口完好如初，罐內也找不到一絲蹤跡。查閱資料後知道螽斯不是「吃純素」的，當時心裡的震撼不亞於聽聞少年殺人。

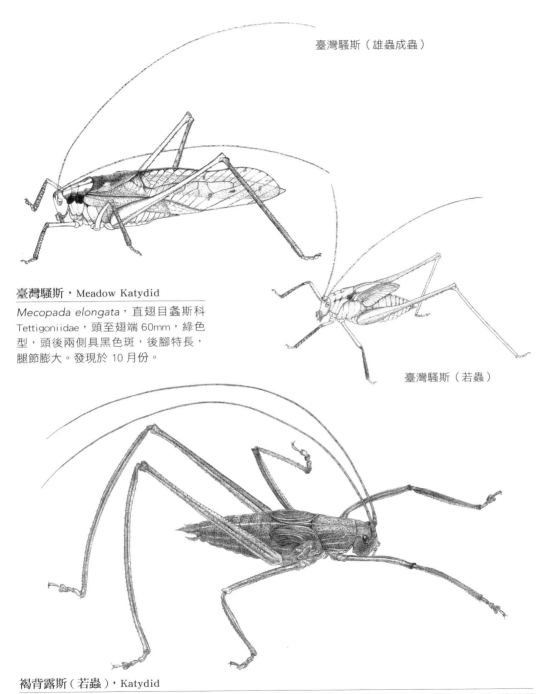

臺灣騷斯（雄蟲成蟲）

**臺灣騷斯，**Meadow Katydid

*Mecopada elongata*，直翅目螽斯科
Tettigoniidae，頭至翅端 60mm，綠色
型，頭後兩側具黑色斑，後腳特長，
腿節膨大。發現於 10 月份。

臺灣騷斯（若蟲）

**褐背露斯（若蟲），**Katydid

*Ducetia japonica*，直翅目螽斯科 Tettigoniidae，體長 16mm，綠色，布細黑點，體背中央由頭至腹端具
白色細線，後腳特長。發現於 3 月份。

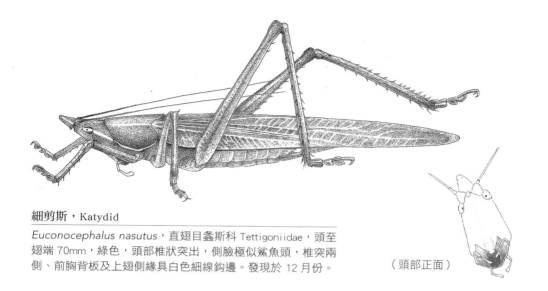

**細剪斯，Katydid**

*Euconocephalus nasutus*，直翅目螽斯科 Tettigoniidae，頭至翅端 70mm，綠色，頭部椎狀突出，側臉極似鯊魚頭，椎突兩側、前胸背板及上翅側緣具白色細線鉤邊。發現於 12 月份。

（頭部正面）

## ▲ 正打歪著

這隻灶馬是螞蟻帶我去找他的。因為沿著階梯拍攝吉悌細顎蟻，跟著跟著，就在石階下的縫隙遇到灶馬。但是我只要稍一靠近，他馬上拔腿就跳，看看他的後腳，不難想像跳躍的高度和距離。他身上的顏色和斑紋也讓他完全隱身在落葉堆裡，不過，終究還是難逃我的火眼金睛定位，最後這場耐力賽由我老孫獲勝。

**灶馬，Camel Cricket**

直翅目穴螽科 Rhaphidophoridae，體長 15mm，褐色，布深褐色、黑色不規則斑紋，無翅，背拱，後腳特長，腿節粗大。發現於 9 月份。

## ◢ 身陷黃斑陣

郊山小徑，空氣凝滯，靜謐無聲。轉至叉路，十步前有倒木一株，樹圍約兩人合抱，鑽過細枝枯葉後繼續前進。姑婆芋上靜立一黃斑鐘蟋蟀，打量過我後，他轉身遁入前方樹林。往前 5 步，殺出兩隻黃斑鐘蟋蟀，黃斑振翅作聲後即分散隱入林中，混淆我的追蹤視線。更往裡走，左手邊油桐樹幹上一隻黃斑頭下腳上踞立，旁邊樹幹上也有兩隻，餘光瞥見再過去的樹木橫枝上還倒掛一隻。「不會吧！」我心想，轉睛一看，果然已身陷黃斑陣中，一隻隻倒掛盤踞樹幹，緊盯著冒然闖入者。我強作鎮定緩移腳步向前，上百隻黃斑霎時從左右林間竄出，又倏地飛離。

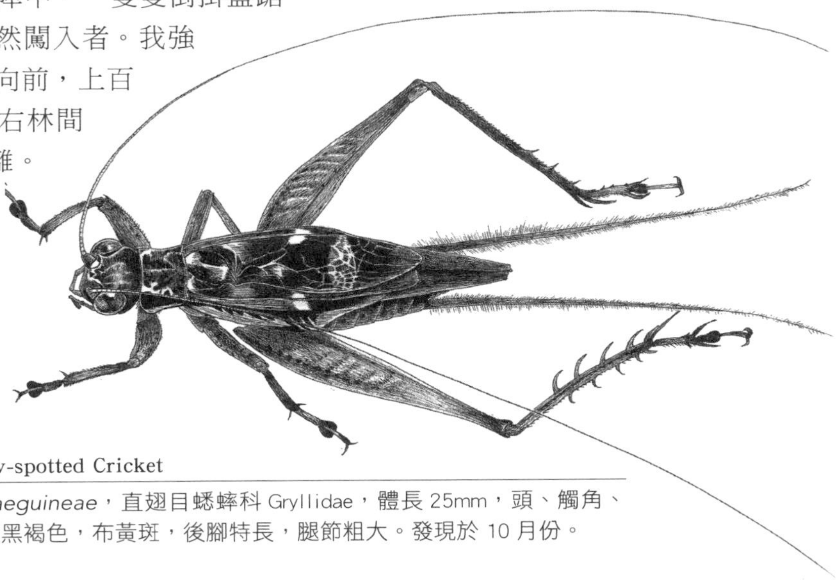

**黃斑鐘蟋蟀**，Yellow-spotted Cricket

*Cardiodactylus novaeguineae*，直翅目蟋蟀科 Gryllidae，體長 25mm，頭、觸角、各腳紅褐色，胸、翅黑褐色，布黃斑，後腳特長，腿節粗大。發現於 10 月份。

## ◢ 正妹級蟑螂

可曾聽過用「漂亮」形容蟑螂？看看右圖的蟑螂就知道怎麼回事。帶紋柑蠊一身素黑，繫上一條柑紅色的「腰封」，好不高雅！

**帶紋柑蠊**，Cockroach

*Eucorydia aenea dasytoides*，蜚蠊目昔蠊科 Polyphagidae，體長 22mm，黑色，翅近中央處具橙色不規則帶狀紋，各腳布粗棘刺。發現於 6 月份。

日落時分，在蝙蝠群吊掛棲息的亞歷山大椰子樹下，這種蟑螂約有 10 隻，紛紛快速來回飛跳於蝙蝠糞便堆積的地面，猶如參加一場狂歡營火舞會。

**印度潛蠊，**Cockroach

*Pycnoscelus indicus*，蜚蠊目匍蠊科 Blaberidae，
體長 20mm，頭、胸黑色，翅透明褐色，前翅基
部兩側有黑色縱紋，各腳淺褐色，具棘刺。發現
於 7 月份。

兩隻草蟬雄蟬相遇時，除了在鳴聲上較勁外，亦會趨近，像拳擊手般，以粗壯前腳相搏，輸的則掉落葉面離開。他們的腹部幾近中空，以做為共鳴腔，腹面尚有兩片音箱蓋板。

蟬的鳴聲是分類上的重要依據，雄蟬的鳴聲可吸引同種的雌蟬前來交尾。有趣的是，雄蟬叫得起勁，雌蟬卻是啞巴。當第一隻蟬開始鳴叫時，就像起音般，同種的雄蟬都會跟著鳴叫，不甘示弱，這場求偶競爭誰也不想缺席。

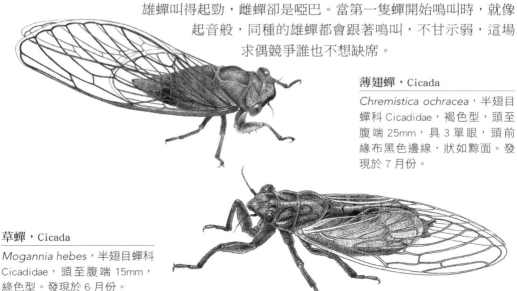

**薄翅蟬，**Cicada

*Chremistica ochracea*，半翅目
蟬科 Cicadidae，褐色型，頭至
腹端 25mm，具 3 單眼，頭前
緣布黑色邊線，狀如黥面。發
現於 7 月份。

**草蟬，**Cicada

*Mogannia hebes*，半翅目蟬科
Cicadidae，頭至腹端 15mm，
綠色型。發現於 6 月份。

不是所有的蟬類雄蟲都會發出鳴聲，像沫蟬、蠟蟬、葉蟬、角蟬等都不鳴叫，他們的共同習性都是擅長彈跳避敵。沫蟬的若蟲會分泌特殊液體，與空氣結合產生泡沫，然後藏身其中，俗名泡沫蟲。蠟蟬的卵則覆以蠟絲保護故名蠟蟬。

辦公室的主管打開水龍頭，沾溼雙手後，讓水衝出——以擠爆水龍頭口徑的士氣，節奏是進行曲，目的地是排水孔，直到……她將肥皂泡泡細細搓揉，如泡沫蟲隱身於泡沫，看不見的雙手伸進水的隊伍，露出原形的手才關上水龍頭，並任由落後的水珠從水龍頭縫隙趕上前面的隊伍……她回到座位，然後刷！刷！抽兩張面紙擦乾手。

**紅紋沫蟬，**Spittle Bug

*Okiscarta uchidae*，半翅目沫蟬科 Cercopidae，體長 15mm，黑色，布紅色橫帶，小盾板黑色。發現於 5 月份。

**紅沫蟬，**Spittle Bug

*Cosmoscarta rubroscutellata*，半翅目沫蟬科 Cercopidae，體長 15mm，黑色，布紅色橫帶，小盾板紅色。發現於 8 月份。

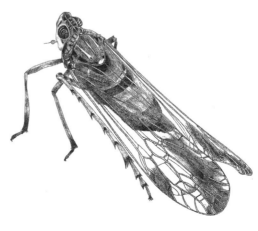

**月紋象蠟蟬，**Planthopper

*Orthopagus lunulifer*，半翅目象蠟蟬科 Dictyopharidae，體長 5mm，頭至翅端 11mm，褐色，前胸背板具 3 條白色縱紋，翅端布黑褐色斑。發現於 7 月份。

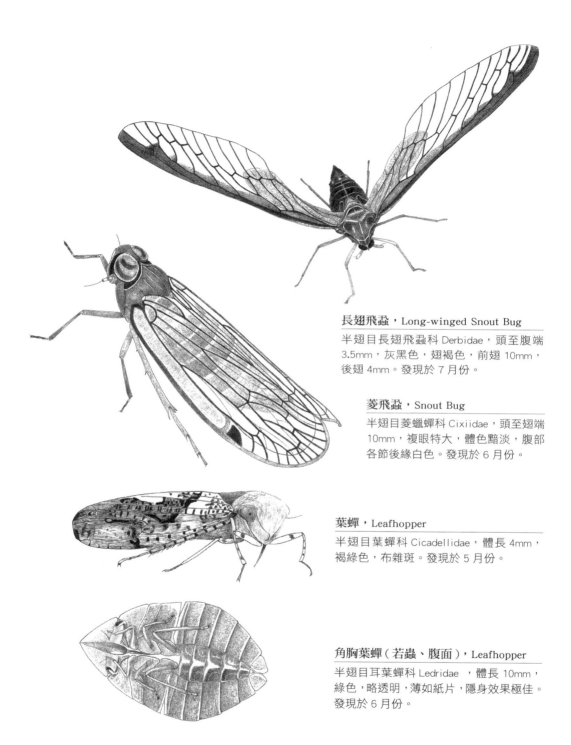

**長翅飛蝨**，Long-winged Snout Bug
半翅目長翅飛蝨科 Derbidae，頭至腹端
3.5mm，灰黑色，翅褐色，前翅 10mm，
後翅 4mm。發現於 7 月份。

**菱飛蝨**，Snout Bug
半翅目菱蠟蟬科 Cixiidae，頭至翅端
10mm，複眼特大，體色黯淡，腹部
各節後緣白色。發現於 6 月份。

**葉蟬**，Leafhopper
半翅目葉蟬科 Cicadellidae，體長 4mm，
褐綠色，布雜斑。發現於 5 月份。

**角胸葉蟬（若蟲、腹面）**，Leafhopper
半翅目耳葉蟬科 Ledridae ，體長 10mm，
綠色，略透明，薄如紙片，隱身效果極佳。
發現於 6 月份。

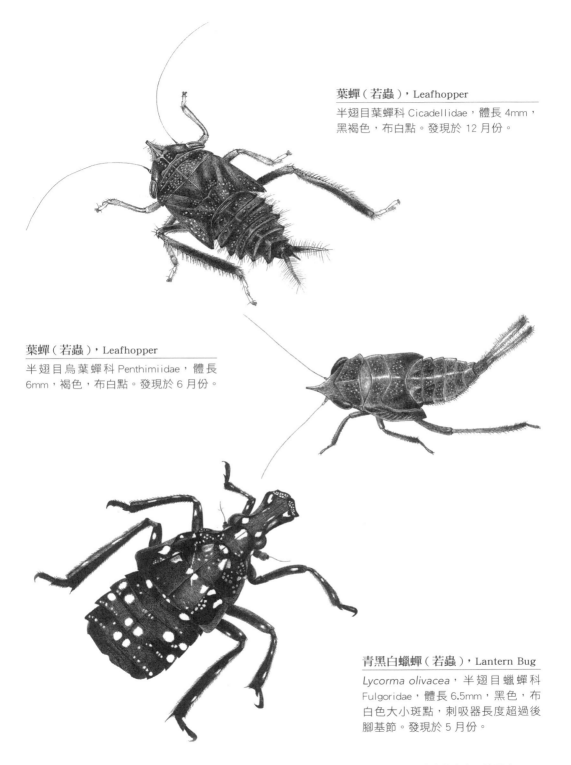

**葉蟬（若蟲），Leafhopper**

半翅目葉蟬科 Cicadellidae，體長 4mm，
黑褐色，布白點。發現於 12 月份。

**葉蟬（若蟲），Leafhopper**

半翅目烏葉蟬科 Penthimiidae，體長
6mm，褐色，布白點。發現於 6 月份。

**青黑白蠟蟬（若蟲），Lantern Bug**

*Lycorma olivacea*，半翅目蠟蟬科
Fulgoridae，體長 6.5mm，黑色，布
白色大小斑點，刺吸器長度超過後
腳基節。發現於 5 月份。

## ◢ 樂透還是摃龜？

拍昆蟲最大的樂趣就是不知道會拍到什麼蟲，這種不確定性是最迷人的。在樹林、草叢間與昆蟲鬥智，有時得意自己看穿蟲子的隱身術，有時嘲笑自己的杯弓蛇影；也許會和蟲子老友敘舊，也許有幸遇到夢幻稀蟲，也可能遇見以為還未命名的新種；又或者，追著快速飛翔的虻蠅，動作需既快且慢：要快得追蹤到他們，又要慢得不能嚇跑他們，也不曉得最後會不會拍成功。有時一天驚喜連連，有時終日「摃龜」，那也沒關係，和賭徒一樣想著「下次再來」！

鷸虻、食蟲虻等是行動非常敏捷的昆蟲殺手，而且複眼大、視力佳，生性警敏，不易靠近。如果遇到大型的食蟲虻，通常都是先聽到他們疾速振翅的聲音，然後聽聲辨位，鎖定他們停棲所在，那多半是他們喜歡停的突出小枝頭。運氣好的話，有些食蟲虻吃飯當中比較不理會你，這時只要動作不要太大，就可以趁機搶拍他幾張照片。

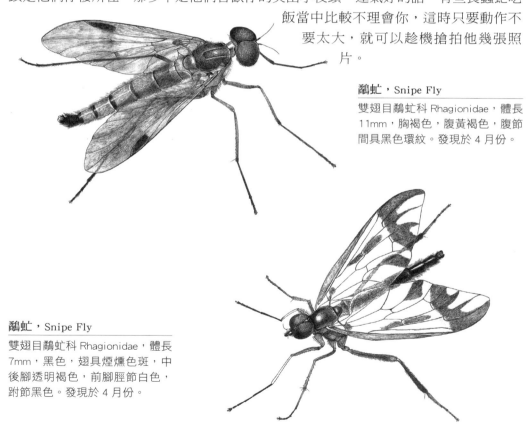

**鷸虻，**Snipe Fly
雙翅目鷸虻科 Rhagionidae，體長 11mm，胸褐色，腹黃褐色，腹節間具黑色環紋。發現於 4 月份。

**鷸虻，**Snipe Fly
雙翅目鷸虻科 Rhagionidae，體長 7mm，黑色，翅具煙燻色斑，中後腳透明褐色，前腳脛節白色，跗節黑色。發現於 4 月份。

**大琉璃食蟲虻，**Robber Fly

*Microstylum oberthurii*，雙翅目食蟲虻科 Asilidae，頭至翅端 36mm，胸灰黑色，全身密毛，除頭部下方毛叢金黃色外，餘為黑色，翅膀具金屬藍綠色光澤，布皺褶細紋。發現於 6 月份。

**黃腳食蟲虻，**Yellow-legged Robber Fly

雙翅目食蟲虻科 Asilidae，體長 20mm，黑色，各腳脛節以下黃色，胸側緣覆金黃色毛。發現於 5 月份。

牛虻外觀頗似食蟲虻，飛行迅速，振翅速度高到發出嗡嗡聲響。當天在新店山區約有十多隻，會叮咬人，連我的狗也不放過。

**牛虻，**Horse Fly

雙翅目虻科 Tabanidae，體長 21mm，黑色，胸略帶細短金毛，腹背各節有三角形黃斑。發現於 7 月份。

遠方林木幽暗處，一隻小動物在地面跳步，我慢慢走近，原來是赤腹鶇在大樹盤根間的落葉堆翻找食物。她只容我 15 步的距離，我在 16 步前停下觀察，幾分鐘後輕緩往前半步，赤腹鶇暫停動作，不久，她見無危險方繼續低頭翻找，我再偷偷移動半步，她便跳到大樹後躲藏，我盼她回心轉意，等了 15 分鐘不敢動，幾隻小黑蛺蟆特地來陪我，這段陪伴友誼留下的印記將長達一星期。

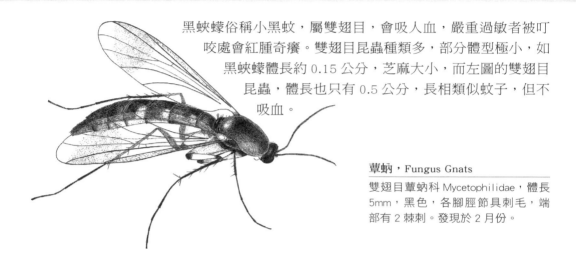

黑蛺蟆俗稱小黑蚊，屬雙翅目，會吸人血，嚴重過敏者被叮咬處會紅腫奇癢。雙翅目昆蟲種類多，部分體型極小，如黑蛺蟆體長約 0.15 公分，芝麻大小，而左圖的雙翅目昆蟲，體長也只有 0.5 公分，長相類似蚊子，但不吸血。

**蕈蚋，Fungus Gnats**

雙翅目蕈蚋科 Mycetophilidae，體長 5mm，黑色，各腳脛節具刺毛，端部有 2 棘刺。發現於 2 月份。

在比對圖鑑查出昆蟲名號前，我總是先給蟲子朋友取綽號，像是天線椿象（角盲椿，詳見第 32 頁）、白手套（微腳蠅—經常摩搓前腳，前腳腿節脛節黑色，但前端跗節白色，像戴著白手套）、五仁椿象（雙峰疣椿象—體背疣凸，與五仁月餅的內餡相似）……，往後遇到他們，我還是會像老朋友般直呼他們的綽號，好在蟲子們不會不高興。臺灣的已知昆蟲有 20,000 種左右，硬要強記全部的名字，不但不可能，恐怕還會失去對昆蟲的興趣，尤其是家長自己都背不起來了，何必還硬要孩子強記。培養孩子對大自然的喜愛才是前提啊！

**微腳蠅，Fly**

雙翅目微腳蠅科 Micropezidae，體長 9mm，頭、胸黑色，各腳脛節黑色，跗節白色，中、後腳腿節黃黑相間，略透明。發現於 10 月份。

一般而言，昆蟲死後，6腳會向內蜷縮，但這隻天牛不同，軀殼徹底乾燥，顯已死亡多時，看似遭遇蟲界的維蘇威火山爆發事件，才維持著下圖畫面上的姿勢。

此種天牛全身黑色，各腳跗節略鑲金黃色毛，最明顯特徵為胸部的皺褶，這就是他名稱的由來，胸兩側並各具一棘刺。

**皺胸深山天牛，Longhorn Beetle**
*Nadezhdiella cantori*，鞘翅目天牛科 Cerambycidae，體長 50mm，黑色。發現於 9 月份。

18世紀瑞典人林奈發表物種命名法後，讓動植物有了國際通用的學名，方便於科學研究。雖然如此，各地物種仍多以各地俗名稱之，比較之下可以發現命名方式的差異，例如中文的「鍬形蟲」（閉闔的鞘翅狀如圓鍬），英文稱作「stag beetle」（stag 原意指雄鹿等雄性動物）。如果從文化人類學的觀點而言，「語言」蘊涵民族的世界觀，反映出該民族所見的事物世界，那麼古人所說的「多識鳥獸草木之名」就很重要了，這句話可以解釋為藉由學習事物名稱的過程，瞭解感受自身所屬族群的內心世界模型。

鍬形蟲喜歡吃水梨，而且是卯起來吃，毫不停歇，還邊吃邊排泄，將液狀排泄物向後噴射，所以觀察鍬形蟲時得小心遭「流彈」波及。

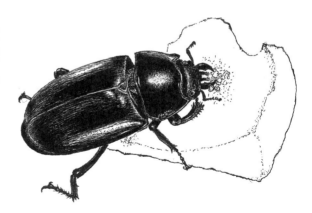

**扁鍬形蟲，Stag Beetle**
*Dorcus titanus sika*，鞘翅目鍬形蟲科 Lucanidae，黑色，體長 28mm，雌蟲。發現於 8 月份。

# ◤ 見者有糞

這隻糞金龜應該是被我家阿旺吸引來的，振翅的響亮鳴聲讓人不注意也難，但降落時卻跟跟蹌蹌，不過沒關係，他搶到了頭「香」，可以開始做糞球。對糞金龜而言，糞球是他們下一代的保溫箱，也是大人小孩的食物。

別瞧不起這種喜歡吃米田共的金龜子，他們在古埃及可是備受尊崇的「聖甲蟲」，因為他們滾糞球的行為讓埃及人聯想到每天在空中滾動太陽東升西落的神祇，神廟內更有糞金龜圖樣的雕刻飾板，其神聖性絕不亞於其他宗教的代表聖物。

**黑推糞金龜**，Dung-rolling Scarab

*Paragymnopleurus* sp.，鞘翅目金龜子科 Scarabaeidae，黑色，體長 21mm，觸角鰓葉鮮黃色，前胸背板拱圓，後緣兩側無突角。發現於 6 月份。

# ◤ 好厝邊搏感情

姑婆芋公寓的房東是大衛細花金龜，這幾天他偷偷開始挖鑿地下室違建，2、3 樓分租給一群泡沫蟲學生房客，頂樓住的則是林蝗，林蝗的朋友花蚤和鹿子蛾偶爾會來拜訪，隔壁鄰居素木裸大蚊則常常過來串門子。

大衛細花金龜習性有如土行孫，會在地面爬行，也會鑽入泥地，從他和其他金龜子不同的觸角構造可看出端倪。他的觸角另有飯匙狀的護板，土遁的時候蓋上這項法器，保護縮藏在內的觸角，露出地面時才不會被泥巴沾黏影響嗅覺、味覺。

**大衛細花金龜**，Scarab Beetle

*Clinterocera davidis*，鞘翅目金龜子科 Scarabaeidae，黑色，體長 21mm，鞘翅中央為 2 個橙色大斑塊，胸、腹部覆白色細斑點。發現於 8 月份。

### 林蝗 / 短翅凸額蝗，Grasshopper

*Traulia ornata*，直翅目斑腿蝗科 Catantopidae，黑褐色，體長 27mm，複眼後方黃色縱帶延伸至翅膀，翅短小，後腳腿節粗大，具白斑。發現於 9 月份。

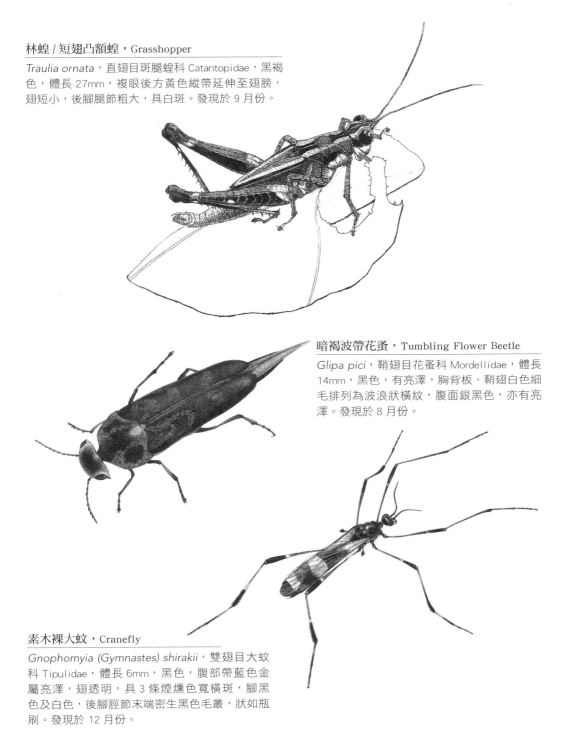

### 暗褐波帶花蚤，Tumbling Flower Beetle

*Glipa pici*，鞘翅目花蚤科 Mordellidae，體長 14mm，黑色，有亮澤，胸背板、鞘翅白色細毛排列成波浪狀橫紋，腹面銀黑色，亦有亮澤。發現於 8 月份。

### 素木裸大蚊，Cranefly

*Gnophomyia (Gymnastes) shirakii*，雙翅目大蚊科 Tipulidae，體長 6mm，黑色，腹部帶藍色金屬亮澤，翅透明，具 3 條煙燻色寬橫斑，腳黑色及白色，後腳脛節末端密生黑色毛叢，狀如瓶刷。發現於 12 月份。

**狹翅鹿子蛾，**Tiger Moth

*Amata hirayamae*，鱗翅目燈蛾科 Arctiidae，
體長 17mm，黑、黃色相間，翅黑色，有數個
透明翅室。發現於 9 月份。

時序已進入 3 月，身上穿著羽毛衣還直打哆嗦。跟往常一樣，春天又要緩慢而優雅地
甦醒。路旁小小菜園裡，金花蟲正吃得忘我，他的兄弟姊妹也一一露出身影，就像小
小孩，等不及春天媽媽起床，就已經按捺不住，在床上嬉戲。

**雙帶廣螢金花蟲，**Leaf Beetle

*Gallerucida bifasciata*，鞘翅目金花蟲科 Chrysomelidae，
體長 8mm，黑色，有光澤，鞘翅橫列兩條黃色花紋，近胸
背板處亦有一列，但不連續，布縱向細刻點，取食菜欒藤。
發現於 3 月份。

「我在葉子上做日光浴，忽然有個影子遮住太陽，我本能地爬到葉背，那人輕輕翻轉葉面，讓我坐著樹葉雲霄飛車，流暢而不帶一絲呼吸的抖動，接著，無雨的天空傳來幾次閃電，之後我才聞到那人的氣息。」

三帶筒金花蟲，Leaf Beetle

*Cryptocephalus trifasciatus*，鞘翅目金花蟲科
Chrysomelidae，體長 5mm，橙黃色，有光澤，
前胸背板中央及後緣具黑色橫斑，鞘翅亦有 3
條黑色橫帶（本隻第三條橫帶較不明顯），布
縱向細刻點，各腳黑色。發現於 9 月份。

## ◢ 昆蟲界萌主

瓢蟲英文名稱 ladybug「淑女蟲」， 有人說 lady 指的是聖母瑪麗亞，也有傳說女孩子把瓢蟲放在手上，然後以瓢蟲飛去的方向占卜未來的白馬王子所在。瓢蟲因外型可愛，顏色鮮豔醒目，經常被用在卡通造型、小飾品、文具等，很難讓人將她與肉食性（少部分為植食性，顏色通常較暗淡低調）掠食者聯想在一起，他們的幼蟲也是肉食性，尤其喜歡吃蚜蟲。

（六斑月瓢蟲前蛹期）　　　　　　　　　（剛蛻皮的瓢蟲幼蟲）

**龜紋瓢蟲，**Chequered Ladybug

*Propylea japonica*，鞘翅目瓢蟲科 Coccinellidae，
體長 4mm，黑色、黃白色交錯如棋盤，有光澤，
各腳透明褐色。發現於 12 月份。

山棕的傷口還是新的，葉鞘棕毛叢密，想必已有點兒年紀。咦？棕毛裡有動靜，一隻椰子象鼻蟲緩緩爬出。我照了兩張相片後，他突然起飛，降落在 5 公尺外的另一棵殘株上。放眼望去，原來這塊土坡上幾棵零星種植的山棕都剛被攔腰砍斷，人為因素意外地引發自然生蟲聚集，

機。眼前這棵殘株上就有 3、5 隻象鼻體型差異不大，正上演著追逐的戲碼，不知是搶地盤還是龍追鳳？可以確定的是有一對已完成終身大事，雌蟲正在努力下蛋。

**椰子大象鼻蟲，**Weevil

*Rhynchophorus ferugineus*，鞘翅目椰象鼻蟲科 Dryophthoridae，體長 27mm，紅棕色，前胸背板具黑色斑點。發現於 9 月份。

枯樹幹上一隻大紅芫菁，除眼睛、觸角、大顎及各腳黑色外，全身通紅，大顎下有類似金龜子的毛狀吸吮口器。幼蟲寄主為木棲性的圓花蜂，所以成蟲在寄主巢穴附近伺機行動。

**大紅芫菁，**Blister Beetle

*Cissites cephalotes*，鞘翅目地膽科 Meloidae，大顎至腹端 30mm，亮紅色，複眼、觸角、大顎及各腳黑色。發現於 7 月份。

紹德步行蟲、細脛步行蟲等多種步行蟲常見於山
區林道，而大葫蘆步行蟲則多半在砂地活
動，大顎發達，觸角較短。

（某種步行蟲幼蟲）

**紹德步行蟲**，Ground Beetle

*Carabus sauteri sauteri*，鞘翅目步行蟲
科 Carabidae，體長 30mm，亮黑色，鞘
翅縱向溝紋明顯，各腳細長，前腳跗節
寬大。發現於 7 月份。

**細脛步行蟲**，Ground Beetle

*Agonum* sp.，鞘翅目步行蟲科
Carabidae，體長 9mm，墨綠色，
具金屬光澤，鞘翅具縱向溝紋。
發現於 4 月份。

**大葫蘆步行蟲**，Ground Beetle

*Scarites sulcatus sulcatus*，鞘翅目步行蟲科 Carabidae，
體長 39mm，亮黑色，頭部及大顎有皺褶紋，大顎發達
具齒突，觸角短，鞘翅縱向溝紋明顯。發現於 4 月份。

紅長角蛾的複眼淡黃色，頭部長著橘色毛，橘色口器平時像電線捲線器般收捲於頭部前下方，進食時再筆直伸出。鱗翅具金屬光澤，並隨光線角度略有變化。各腳細長，而細細的前腳脛節末端還戴一環叢毛，相當時髦，曾見她以叢毛清理頭部。

**紅長角蛾，**Moth

*Nemophora ahenea*，鱗翅目長角蛾科 Adelidae，體長 5mm，紅褐色，帶金屬光澤，翅基部與中央處各有一黑色橫帶。發現於 5 月份。

在前腳上裝飾叢毛的時尚風潮也吹到另外一種螟蛾身上，只是叢毛的膨度和位置稍有不同。這種螟蛾鱗翅底色黑色，近三分之二為橘黃色斑，胸、腹部採黃黑強烈配色。

**火紅奇異野螟，**Grass Moth

*Aethaloessa calidalis tiphalis*，鱗翅目草螟科 Crambidae，體長 8mm。發現於 10 月份。

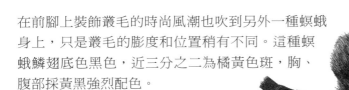

# ◢ 蚜蟲終結者

名字為「××蛉」的脈翅目昆蟲大多身軀嬌小，觸角細細的，翅脈也細細的，像穿著
蕾絲蓬蓬長裙，看似弱不禁風，不過他們有的是深藏不露的昆蟲殺手，例如狹翅褐蛉，
他們專吃蚜蟲。

**狹翅褐蛉，Lacewing**

*Micromus timidus*，脈翅目姬蛉科 Hemerobiidae，
頭至翅端 10mm，淡褐色，複眼大，具金屬亮澤，
休息時翅膀收闔呈屋脊狀。發現於 12 月份。

幾個學生模樣的年輕人出現在步道上，他們熟練地對著草樹揮舞手中的捕蟲網，旁若
無人，三、兩下便捕獲蟲子放進三角紙中。「螳蛉耶！」其中一個學生喊道。他的同
學回答：「我上禮拜在 ×× 一次就捉到 2 隻螳蛉」，聽得出話中故作鎮定的炫耀。
雖然棲地消失破壞才是物種減少的主因，但是重點在於「心態」問題。當採集者大刺
刺地取下昆蟲性命，他把蟲子視為收藏品或戰利品？或學校作業？他有感受到那塊野
地之美嗎？有過身處自然的悸動嗎？或許要等到外星人入侵地球，獵取人類剝製標本
時，大家才能深刻體會吧。

螳蛉體型小，行動敏捷，會突然跳轉，前腳形狀像螳螂，動作也像螳螂，他的鐮刀狀
前腳會緩速前伸並上下左右輕微轉動。幼蟲會鑽進蜘蛛卵囊中取食。
試比較一下螳蛉和下頁螳螂在外型上的異同。

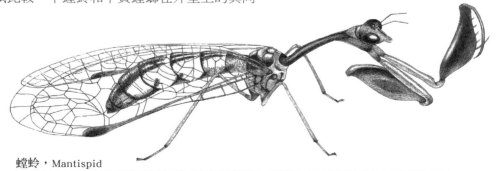

**螳蛉，Mantispid**

*Necyla* sp.，脈翅目螳蛉科 Mantispidae，頭至腹端 13mm，褐色，具 1 單眼，腹部黃白色，
各節有黑褐色斑，翅透明，翅痣褐色，前腳脛節膨大。發現於 4 月份。

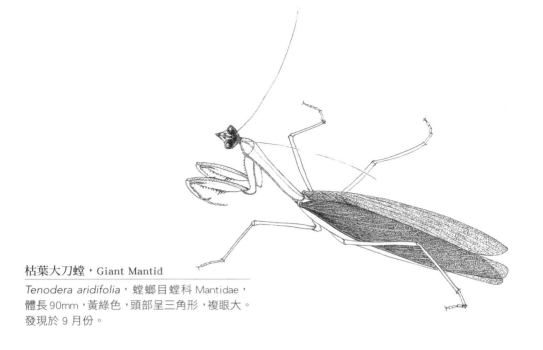

**枯葉大刀螳，**Giant Mantid

*Tenodera aridifolia*，螳螂目螳科 Mantidae，
體長 90mm，黃綠色，頭部呈三角形，複眼大。
發現於 9 月份。

## ▲ 螞蟻「雌」兵

螞蟻屬於社會性昆蟲，有保衛家園、抵禦侵略的兵蟻，有負責營建維護蟻巢、搬運食物等雜工的工蟻，以及具有生殖能力的繁殖蟻，分工明確、各司其職，連外型也有差異：兵蟻頭部很大，上顎發達；工蟻體型最小，數量最多，以應付日常繁雜事務；繁殖蟻體型最大，具有婚飛用的翅膀。

臺灣除了家蟻外，野外尚有針蟻、山蟻等亞科螞蟻，有些種類體型較大。

**巨山蟻（繁殖蟻），**Ant

膜翅目蟻科 Formicidae，頭至腹端 8.5mm，
黑色，具 3 單眼，腹部粗寬。發現於 6 月份。

**大頭家蟻（兵蟻），**Big-head Ant

膜翅目蟻科 Formicidae，體長 4mm，體
色紅褐，腹部顏色稍深。發現於 4 月份。

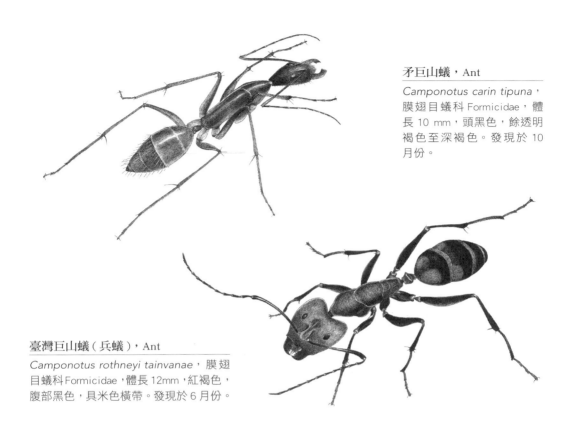

矛巨山蟻，Ant

*Camponotus carin tipuna*，膜翅目蟻科 Formicidae，體長 10 mm，頭黑色，餘透明褐色至深褐色。發現於 10 月份。

臺灣巨山蟻（兵蟻），Ant

*Camponotus rothneyi tainvanae*，膜翅目蟻科 Formicidae，體長 12mm，紅褐色，腹部黑色，具米色橫帶。發現於 6 月份。

高山鋸針蟻，Ant

*Odontomachus monticola*，膜翅目蟻科 Formicidae，頭至腹端 20mm，體色褐至黑褐，大顎鐮刀狀，可開闔呈 180 度，具螫針。發現於 9 月份。

某些昆蟲的外形頗似螞蟻，或多或少有避敵的作用，可見螞蟻算是
生存策略成功的生物。例如前面提到的甘藷蟻象（19頁），
還有黑足墨蛉（舊稱蟻鈴）、椿象若蟲等，都是山寨版螞蟻。

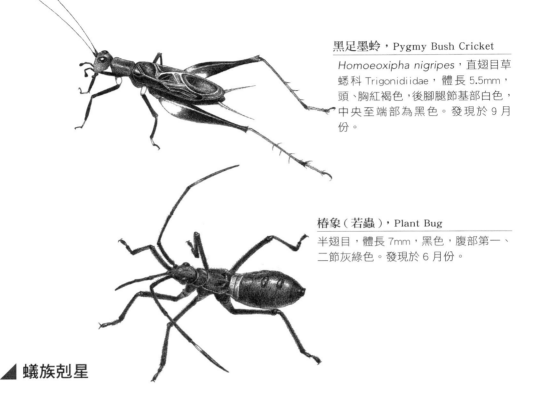

**黑足墨蛉，Pygmy Bush Cricket**

*Homoeoxipha nigripes*，直翅目草
蟋科 Trigoniidae，體長 5.5mm，
頭、胸紅褐色，後腳腿節基部白色，
中央至端部為黑色。發現於 9 月
份。

**椿象（若蟲），Plant Bug**

半翅目，體長 7mm，黑色，腹部第一、
二節灰綠色。發現於 6 月份。

## ◢ 蟻族剋星

雖然螞蟻的生存策略成功，但是自然界一物剋一物、道高一尺魔高一丈，譬如有掠食
螞蟻為主的蟻獅，還有另一種昆蟲——隱翅蟲。根據國外的研究資料，隱翅蟲是蟻巢
裡常見的流氓，專門偷揩油，伺機掠食蟻卵或老弱螞蟻，某些種類的隱翅蟲幼蟲甚至
寄生在蟻巢。

這隻隱翅蟲是在買來的盆栽裡發現，他一看到螞蟻，雙方立刻交戰，隱翅蟲頻頻擺出
抬尾姿勢，但螞蟻毫無懼色，趁機死咬隱翅蟲前腳不放，雙方纏鬥 3 刻鐘，隱翅蟲漸
佔上風，咬住螞蟻腹部，用他的鐮刀大顎剪裂吸食，最後螞蟻只剩破碎空殼。

隱翅蟲後翅大多收摺於短鞘翅下，起飛時並能迅速從鞘翅下展開，故名「隱翅」。但
凡事總有例外，像右頁中圖這隻隱翅蟲並不隱藏他的翅膀，也不是飛行中，發現時，
他正在地面爬行。

**紅胸隱翅蟲**，Rove Beetle

*Paederus fuscipes*，鞘翅目隱翅蟲科
Staphylinidae，體長 9mm，頭黑色，圓
扁，前胸背板橙紅色，鞘翅墨綠色，有
光澤，密布刻點及細毛，腹部橙色及黑
色。發現於 5 月份。

**隱翅蟲**，Rove Beetle

鞘翅目隱翅蟲科 Staphylinidae，頭至腹端
13mm，黑色，頭、胸、鞘翅前緣覆褐色
金屬光澤細毛，後翅透明褐色，具橫向皺
褶，有亮澤。發現於 12 月份。

紅火蟻原分布於南美洲，後入侵美國，隨著人類運輸工具之發達，再逐步跨越太平洋
至澳洲、紐西蘭。2003 年開始，本島桃園也傳出紅火蟻入侵農地案例，並陸續擴及
北部、中南部，政府因 此成立了國家紅火蟻防治中心。

紅火蟻的名稱由來是　　　　　　　　人被叮咬後有如火燒的灼痛感，如果被一群紅火
蟻攻擊，可能　　　　　　　　　會引起全身性過敏反應。

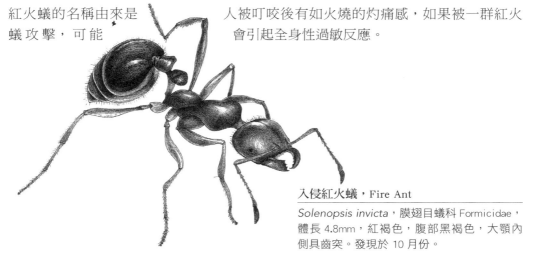

**入侵紅火蟻**，Fire Ant

*Solenopsis invicta*，膜翅目蟻科 Formicidae，
體長 4.8mm，紅褐色，腹部黑褐色，大顎內
側具齒突。發現於 10 月份。

## 2 氤氳水濱——潮溼水域出現的昆蟲

紅娘華、水䵣、蜻蜓、石蠅等水生昆蟲，
他們一生中有某些階段生活於水中。
除了這些常見的水生昆蟲外，
也有其他昆蟲喜歡生活在潮溼水域。

## ◢ 忘了他的存在

菱蝗通常出現在潮溼環境，是非常普遍的昆蟲，只不過他們體型小，體色又隱蔽，讓人忽略他們的存在。他們取食青苔、藻類，最明顯的特徵是平直尖長的胸背板，長度遠超過腹部，胸兩側並各具一棘刺。曾經在東南亞的婆羅洲見過一種看來更為「棘手」的菱蝗，連胸背板上也長刺。

平背棘菱蝗，Groundhopper

*Eucriotettix oculatus*，直翅目菱蝗科 Tetrigidae，頭至腹端
13mm，褐色，胸背板發達，後腳腿節粗大。發現於 4 月份。

# ▲ 螢色聖誕

婆羅洲熱帶雨林有一種很有名的聖誕樹，這種樹只有在夜晚才幻化成聖誕樹，樹上掛了滿滿的「螢」光燈泡，在黑夜中閃閃爍爍，這是上帝為自己布置的慶生燭光。

螢火蟲俗稱「火金姑」，是不少人的童年回憶。幼蟲分為陸生及水生，陸生幼蟲以蝸牛、蛞蝓、蚯蚓等為食，水生幼蟲則取食淡水螺貝類。

這隻黑翅螢發光節 2 節，胸背板橘黃色，頭部多縮在胸背板下，此圖繪紀其偶然伸「頸」姿態。黑翅螢處於亮光下一段時間後，會暫時停止發光。

**黑翅螢，**Firefly

*Luciola cerata*，鞘翅目螢科 Lampyridae，體長 9mm，頭黑色，前胸背板橘黃，鞘翅黑色，雄螢發光節 2 節、雌螢 1 節。發現於 5 月份。

溪流旁潮溼泥土層內發現數隻齒隱翅蟲群集，且不停上下穿梭，黑色個體是成蟲，另有 3 隻乳白色個體大小相似，尚無鞘翅，可能是幼蟲。

**齒隱翅蟲，**Rove Beetle

*Priochirus* sp.，鞘翅目隱翅蟲科 Staphylinidae，體長 13mm，黑褐色，帶寶藍色光澤，腹側布細毛。發現於 9 月份。

沼蠅多生活在沼澤、潮溼之地，故有「沼」蠅之名。他們和螢火蟲同樣生活在水域環境，有人說他們是螢火蟲的天敵，寄生螢火蟲幼蟲，也有人說他們是「螺食性」，等於是螢火蟲的競爭者。

**沼蠅，**Marsh Fly

雙翅目沼蠅科 Sciomyzidae，體長 6mm，褐色，後腳腿節粗大，各腳腿節、脛節布縱向細毛列。發現於 6 月份。

## ◢ 水田邊的搖蚊

黃昏時分，搖蚊喜歡在人的頭上聚集成「蚊柱」。小
時候在鄉下玩不膩的把戲是假裝若無其事地慢慢靠近某
人，再猛一蹲身，將頭上的蚊柱「過」到那個人的頭上，
然後呵呵大笑。
搖蚊不是蚊子，不吸血。他們經常聚成蚊柱，在
人的頭頂高度盤旋，其實這是雄蚊尋偶
的婚飛現象。雄蚊聚集成團，組
成招親大會，合力以振翅聲引誘雌蚊飛來，
但大會裡成千上萬的雄蚊當中只有一隻能幸運
和雌蚊交尾。

**搖蚊，Midge**

雙翅目搖蚊科 Chironomidae，體長 7mm，青綠色，
胸背板具縱紋，翅透明，雄蚊觸角發達，羽狀。
發現於 1 月份。

大蚊吸食了水澤邊的迷幻溼氣，吃力恍惚地在草葉間飛著。他們因為模樣太像蚊子，
而且巨無霸的體型感覺毒性更強、吸的血更多，所以常常含冤被人打死，其實他們一
點也無害。

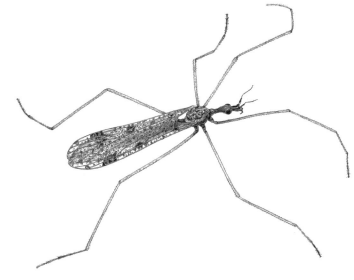

**大蚊，Cranefly**

雙翅目大蚊科 Tipulidae，體長
12mm，頭至翅端 14mm，深灰
褐色，觸角基節長，前胸背板橘
黃，具隆突，翅褐色，密布雜碎
褐斑，腳細長。發現於 3 月份。

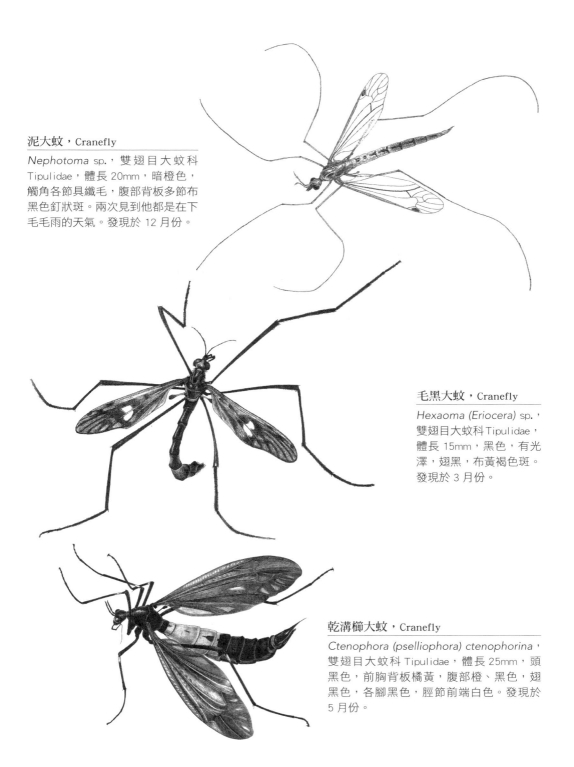

**泥大蚊，**Cranefly

*Nephotoma* sp.，雙翅目大蚊科
Tipulidae，體長 20mm，暗橙色，
觸角各節具纖毛，腹部背板多節布
黑色釘狀斑。兩次見到他都是在下
毛毛雨的天氣。發現於 12 月份。

**毛黑大蚊，**Cranefly

*Hexaoma (Eriocera)* sp.，
雙翅目大蚊科Tipulidae，
體長 15mm，黑色，有光
澤，翅黑，布黃褐色斑。
發現於 3 月份。

**乾溝櫛大蚊，**Cranefly

*Ctenophora (pselliophora) ctenophorina*，
雙翅目大蚊科Tipulidae，體長 25mm，頭
黑色，前胸背板橘黃，腹部橙、黑色，翅
黑色，各腳黑色，脛節前端白色。發現於
5 月份。

潮溼、悶熱、下大雨前的天氣常可發現紅胸毛蚋，他們靠近地面上下飛翔，不斷彎著腹部點觸地面。這隻紅胸毛蚋是雌蟲，發現時正與雄蟲交配中，雄蟲體型稍小，但複眼較大。

**紅胸毛蚋，March Fly**

*Penthetria* sp.，雙翅目毛蚋科 Bibionidae，體長 12mm，頭黑色，前胸背板紅色，隆突，翅黑色，各腳黑色。發現於 4 月份。

蜉蝣稚蟲生長於溪流水域，成熟後再爬出水面蛻皮羽化。蜉蝣成蟲亦在溪流水域活動，主要任務是傳宗接代，其口器退化，不覓食，壽命僅有數小時或數日。中國古代有一些以蜉蝣比喻人生短暫渺小之詩文典故，例如：「寄蜉蝣於天地，渺蒼海之一粟」等。咦？古人也有自然觀察！

**蜉蝣，Mayfly**

蜉蝣目，體長 3.5mm，黑褐色，腳細長。發現於 2 月份。

## ◢ 蜻蜓點水

蜻蜓的複眼幾乎佔去整個頭部版面，大眼睛視力佳，飛行速度快，有利於捕食昆蟲。
蜻蜓的祖先早在 3 億年前的古生代即已存在，翅膀張開約達 70 公分，
想像一下眾多老鷹大小的蜻蜓在空中翱翔的景象！
雌蟲交配後產卵於水面，速度極快，故有「蜻蜓點水」一詞。

**杜松蜻蜓，Dragonfly**

*Orthetrum sabina sabina*，蜻蛉目蜻蜓科
Libellulidae，體長 60mm，綠色，散布黑
色斑紋，腹部黑色，布白色斑，1 至 3 節
膨大，翅透明，翅痣黃褐色，各腳黑色。
發現於 10 月份。

山凹間，春天讓沁涼的溪水漂洗她的柳葉藻長髮，岸邊的山芹菜是她準備好的素雅髮
簪，沉浸在這片水霧裡的石蠅忘我地做著 SPA，大蚊也在春天的呼吸中微醺地飛著。
石蠅，屬於襀翅目。「襀」，衣褶之意。好有學問的譯名。

**石蠅，Stonefly**

襀翅目，稚蟲水生。頭至翅端 11mm，黑褐色，觸角細長
多節，前胸背板微隆突，各腳黃褐色。發現於 3 月份。

赤條椿，體背條紋紅黑相間，所以也有人稱之為黑條紅椿象。據說只在北部濱海地區出現，多在濱防風、濱當歸等植株上活動。赤條椿在綠色植株上顏色對比顯眼，具警戒色作用。不過，濱當歸結果轉紅褐色時，赤條椿體色正好與之融為一體，一大群各齡赤條椿盤踞其上，絕大多數路過的人都不會發現。國外昆蟲圖鑑上也記錄著極類似的品種，分布在較溫暖的南歐，緯度漸高則數量漸少。

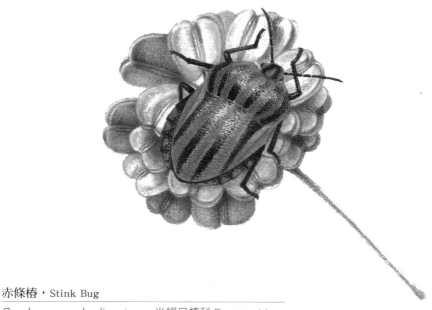

**赤條椿**，Stink Bug

*Graphosoma rubrolineatum*，半翅目椿科 Pentatomidae，
體長 10mm，植食性。發現於 6 月份。

《詩經・豳風・七月》：
五月斯螽動股，六月莎雞振羽；
七月在野，八月在宇，
九月在戶，十月蟋蟀入我牀下；……
蝸居都市水泥樓房的現代人大概難以想像，除了
蟑螂、蚊蠅外，古代的家居環境可見蟋蟀、灶馬
等登堂入室，屋內既溫暖又有食物菜渣裹腹，顯
然是過冬的好去處。

## ▲ 有 1 不只有 2

據說，如果在室內看到 1 隻蟑螂，那表示還有沒看到的 23 隻（註）。
白頭髮就像蟑螂，當你拔掉冒出來的那 3 根，過不久，頭髮下就要翻出數十根白頭髮。
註 朱耀沂《蟑螂博物學》pp.123，天下遠見 2009。

**蘇理南潛蠊，Cockroach**

*Pycnoscelis surinamensis*，蜚蠊目匍蠊
科 Blaberidae，體長 18mm，頭、胸黑色，
胸背板側緣淡黃色，翅黑褐色，雌蟲腹
部超出翅膀，腹部末端黑色，側緣具黃
色斑塊，各腳脛節扁平，有長棘刺。發
現於 4 月份。

從這隻蟑螂頭部正面圖可知「丑角蜚蠊」的名稱由來。某天傍晚，她產一卵鞘，長約
1 公分，以 45 度角斜懸在腹部末端，剛開始呈生豬肉色，2 小時後顏色轉為暗紅，並
且角度下垂，與腹部平行。卵鞘長邊一側頗似縫口，日本人覺得像錢包，所以應該算
吉利的蟲吧。5 天後卵鞘脫離母體，約 1 個月後孵出 7 隻小蟑螂。
剛出生的小蟑螂白白淨淨的，你會覺得骯髒嗎？

（頭部及卵鞘）

**丑角蜚蠊 / 家屋蜚蠊，**Harlequin Cockroach
*Neostylopyga rhombifolia*，蜚蠊目蜚蠊科
Blattidae，體長 28mm，黑褐色，布黃褐色花
斑，前翅退化如小翅芽，後翅完全消失，各
腳腿節與脛節具長棘刺。發現於 5 月份。

這隻小蟑螂獲於廚房牆角。繪紀蟑螂的好處是他們住宿期間只要提供人吃的食物，例
如麵包屑等等即可，不需到野外張羅特定食草或食物。不過，繪紀完成時，是否放這
隻小蟑螂回家卻讓我猶豫許久。

**美洲家蠊（若蟲），**American Cockroach
*Periplaneta americana*，蜚蠊目蜚蠊科 Blattidae，
黑色，腹部第一、三節白色，觸角基部及末端數
節白色。發現於 1 月份。

自然界一物剋一物，下圖是蟑螂卵鞘的寄生蜂，名為蠊卵旗腹蜂，從人類的角度看來，
算是益蟲。身體黑色，複眼深青色，胸部厚實寬大，具細長腹柄，腹部略呈三角形，
扁小而不成比例，行進時不停上下點動，彷彿打著旗語。

**蠊卵旗腹蜂，**Ensign Wasp
*Evania appendigaster*，膜翅目
瘦蜂科 Evaniidae，體長 7.5mm。
發現於 10 月份。

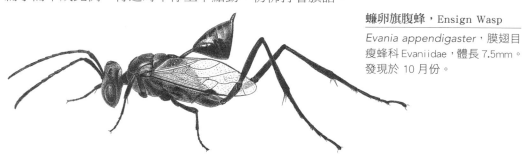

## ◤ 築巢學問大

虎頭蜂的蜂巢為封閉式，而且體積大。長腳蜂的蜂巢則較小，裸露式，開口朝下，材質看起來像紙糊的，這是由長腳蜂啃咬樹皮、落葉等木質纖維，加上唾液混合而成的「紙漿」原料。一般可在草葉下、岩壁下、甚或人類建物、陽台看見他們的建築作品，不同種的長腳蜂有各自的創作風格類型，英文亦稱這些築紙巢的長腳蜂為 Paper Wasp。

（野外築於芒草葉下的長腳蜂巢）

### 家長腳蜂，Social Wasp

*Polistes (Gyrostoma) jokahamae*，膜翅目胡蜂科 Vespidae，體長 17mm，具 3 單眼，後胸黑色，具黃色縱斑，腹部第一節背板黑色，具黃斑，餘各節有黑色波狀細紋。

小乙每天的工作是打水，打水的地方不算遠，但水源不太穩定，味道也每天不同，小乙到水杯井打完水便回家，家裡常常傳來「喂…喂…請找…，吡吡吡…吡……」，「什麼？聽不清楚。」之類的對話。小乙家裡有大媽、二媽、三媽，還有 130 個剛出生的妹妹，通通住在無線電話筒裡。

### 螞蟻（繁殖蟻），Ant

膜翅目蟻科 Formicidae，體長 4.5mm，頭胸紅褐色，腹部黑褐色，具光澤，布細毛，各腳及觸角淡褐色。發現於 5 月份。臺灣有數種家蟻屬於多蟻后型群落。

## ◢ 傻傻分不清

印象中，在家裡看到白蟻出現，就表示梅雨季節快到了，他們多半在黃昏後繞著日光燈紛飛，這些繁殖白蟻配對後便脫落翅膀。一般人分不清白蟻和螞蟻，認為他們是白色的螞蟻，所以又稱之大水螞蟻。其實白蟻、螞蟻分屬等翅目、膜翅目，唯一相似的是皆屬社會性昆蟲，營巢居生活。

**黃胸散白蟻**，Subterranean Termite

*Reticulitermes flaviceps*，等翅目鼻白蟻科 Rhinotermitidae，體長 10mm，頭及觸角黑色，前胸背板淡黃色，中、後胸及腹部黑褐色，各腳腿節黑褐色，脛節以下黃褐色，大顎粗。發現於 1 月份。

雖說臺灣氣候溫和，四時不明，但是冬初的自然觀察通常就看不到什麼昆蟲了，天氣更冷後機率自然更低，因此好不容易有隻小菜蛾躲進來臥室取暖，便要好好膜拜繪紀一番。原來，畫昆蟲也分淡季旺季！

**小菜蛾**，Diamond-back Moth

*Plutella xylostella*，鱗翅目菜蛾科 Plutellidae，體長 6mm，翅褐色，體背具淡褐色波狀縱向斑紋，外緣叢毛上揚。小菜蛾是全球性「害蟲」，寄主植物為甘藍菜等十字花科蔬菜，雌蟲產卵於葉背，幼蟲潛入葉肉取食。發現於 1 月份。

## ◢ 蟋蟀來血拚

《清史稿‧災異志》記載：不靠水邊的村莊從天上落下一堆「魚」，還有鄉民目睹其他「異象」的傳說。而如果「異象」是指事物出現在不該出現的地方，那麼我也看過幾個：在附近都沒有種樹的都市巷道中央疾速奔跑的松鼠、在冷氣辦公室出現的蜻蜓、還有這隻躲在五金百貨碗盤區的蟋蟀，讓我第一次以為自己眼睛開始老花。

**黃斑黑蟋蟀**，Common Garden Cricket

*Gryllus bimaculatus*，直翅目蟋蟀科 Gryllidae，體長 29mm，亮黑色，上翅近胸背板處具黃褐色斑塊，產卵管 14mm，末端狀如箭頭，後腳棘刺粗大。廣泛分布於非洲、歐洲、亞洲。發現於 7 月份。

會叮人吸血的蚊子只有雌蚊，目的是獲得生育後代所需的養分。如果單純吸血也就罷了，一點點血不必計較，不過他們擾人清夢的嗡嗡聲和叮咬後的腫癢，直讓人咬牙切齒，於是從物理性的掛蚊帳，到化學性的點蚊香、電蚊香，再進化到捕蚊燈、甚至電蚊拍等電子武器（可見蚊子的反應速度似乎比人快），想盡絕招，欲除之而後快，不過人蚊之戰仍終究從古持續至今。

## ▲ 蚊的生存之道

在東南亞，某些蚊子的幼蟲住在昆蟲的死亡陷阱——豬籠草裡面，這些孑孓演化出抗酸性消化液的表皮，正所謂「最危險的地方就是最安全的地方」，如此一來，沒有天敵敢進來掠食，不小心掉進來的昆蟲屍體，他們還可以分一杯羹。不過，世上還有更怪的生長環境，有一種蠅把卵產在馬等大型動物身上，當馬舔舐身體時，卵隨即孵化為幼蟲，並鑽進馬的舌頭，再一路越過喉嚨到達馬胃，目的不是吃馬肉，而是竊取進入馬胃的食物。

這種寄生在馬胃的生活型態是如何演化的？最開始是如何發生的？想像起來有如人類想登陸火星移民般困難！

**蚊，**Mosquito
雙翅目蚊科 Culicidae，體長 5mm。發現於 1 月份。

水虻科幼蟲多半在靠近水邊、腐爛物、落葉堆中生活，故名「水」虻。這種水虻則常常在室外廚餘垃圾、糞肥、枯枝腐葉堆等幼蟲食物來源附近出現。他們的翅膀張開時，可看見腹部第二節透明，中央尚有一黑色縱紋，宛如一組窗戶，這也是他們的英文名稱「窗腰虻」之由來。

**亮斑扁角水虻，**Window-waisted Fly （Black Soldier Fly）
*Hermetia illucens*，雙翅目水虻科 Stratiomyidae，體長 14mm，複眼墨藍色，布黑色斑紋，觸角末節寬扁似槳，全身黑色，前胸背板前端中央及前胸、中胸之側緣布少許銀色細短毛，翅煙燻色，腹部第二節透明，中央具一黑色縱紋。發現於 11 月份。

這是居家環境常見的昆蟲，他們常常張著濾網般的翅膀，趴在廁所馬桶或浴室的牆壁上。他們在客家話裡有一個很傳神的名字：屎缸鳥。

**大蛾蚋，**Moth Fly

*Clogmia albipunctatus*，雙翅目蛾蚋科 Psychodidae，體長 3mm，灰褐色，頭、胸密生叢毛，翅膀布細毛，兩翅各有 2 黑點。本種分布廣，全球熱帶、亞熱帶區均可見。

## ◢ 傳說故事的主角

許多原住民族有大洪水的傳說，並衍生出相關的故事：人們避難至高地後，遇到沒有火種可供煮食取暖的問題，所以派了各種動物去取火。其中，布農族傳說：紅嘴黑鵯飛至玉山取得火種後將火苗含在嘴裡，半途因嘴巴太燙便轉用腳握住火苗，從此紅嘴黑鵯的嘴巴和雙腳因為經過燒灼而變成火紅色。

另外，魯凱族的傳說：經過幾次任務失敗後，大家苦無對策，因看到蒼蠅不斷搓手（其實是前腳），靈機一動，便模仿蒼蠅動作搓捻轉動樹枝，生火成功。小小蒼蠅可是人類救星的故事主角呢！

**瓜食蠅，**Fruit Fly

*Bactrocera (Zeugodacus) cucurbitae*，雙翅目果實蠅科 Tephritidae，體長 8mm，複眼大，紅褐色，具虹彩光澤，胸紅褐色，上有 3 條黃色縱紋，腹部淡褐色，近中央處有一圈黑色條紋，翅透明，布黑色斑塊。發現於 8 月份。

這些都是蒼蠅！室內或野外都可能看到，像下圖的斑眼食蚜蠅，我曾經救過他的命！當時他竟然出現在冷氣辦公室 3 樓，引起一陣騷動。

食蚜蠅好不容易才演化成模擬蜜蜂的樣子，卻又因為太像蜜蜂，反而差點讓人類當作毒蜂打扁。

蒼蠅的口器構造像現代的快速吸水拖把，伸出拖把抹吮食物汁液，便可享受一頓。

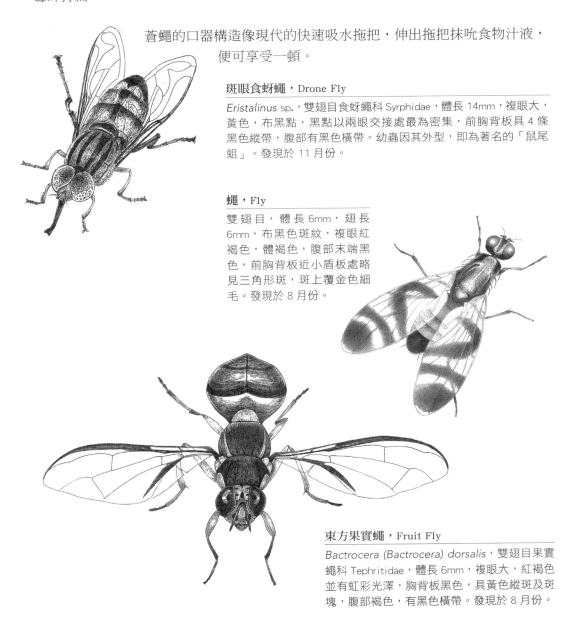

**斑眼食蚜蠅，Drone Fly**

*Eristalinus* sp.，雙翅目食蚜蠅科 Syrphidae，體長 14mm，複眼大，黃色，布黑點，黑點以兩眼交接處最為密集，前胸背板具 4 條黑色縱帶，腹部有黑色橫帶。幼蟲因其外型，即為著名的「鼠尾蛆」。發現於 11 月份。

**蠅，Fly**

雙翅目，體長 6mm，翅長 6mm，布黑色斑紋，複眼紅褐色，體褐色，腹部末端黑色，前胸背板近小盾板處略見三角形斑，斑上覆金色細毛。發現於 8 月份。

**東方果實蠅，Fruit Fly**

*Bactrocera (Bactrocera) dorsalis*，雙翅目果實蠅科 Tephritidae，體長 6mm，複眼大，紅褐色並有虹彩光澤，胸背板黑色，具黃色縱斑及斑塊，腹部褐色，有黑色橫帶。發現於 8 月份。

**蠅，**Fly

雙翅目，體長 7mm，複眼紅色，
口器黃色，體黑色具亮澤，平衡
棍小瓢形，腹部末端具長毛刺。
發現於 1 月份。

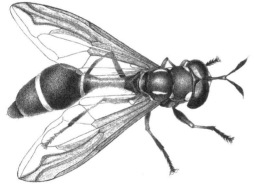

**擬蜂眼蠅，**Big-headed Fly

雙翅目眼蠅科 Conopidae，體長 21mm，頭寬
於胸，複眼黑褐色，觸角於長基節後分叉，胸
亮黑色具黃斑，腹柄節暗紅色，細長，兩端粗
大，腹黑色具黃環紋。外型模擬虎斑泥壺蜂。
成蟲植食性，幼蟲寄生性。發現於 7 月份。

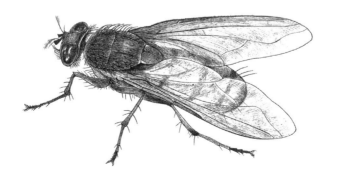

**蠅，**Fly

雙翅目，體長 13mm，頭胸
灰褐色，腹部肥大，褐色淡
黃色相間，體背布毛刺。發
現於 7 月份。

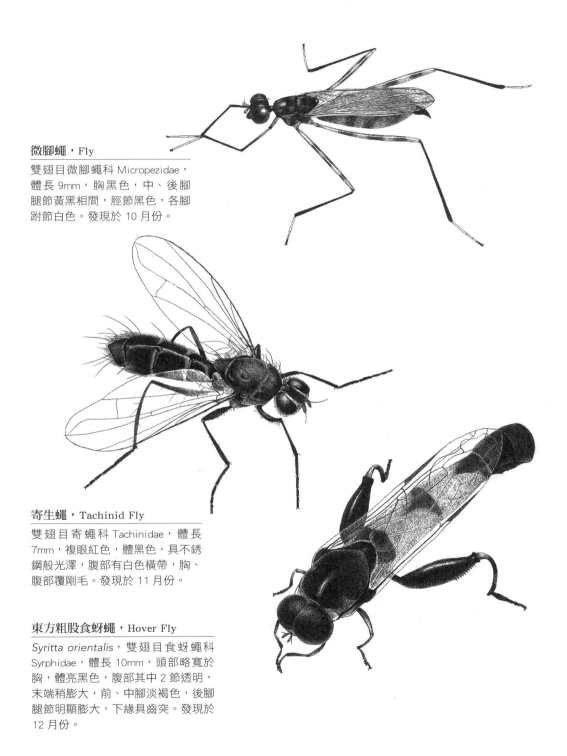

**微腳蠅，**Fly

雙翅目微腳蠅科 Micropezidae，
體長 9mm，胸黑色，中、後腳
腿節黃黑相間，脛節黑色，各腳
跗節白色。發現於 10 月份。

**寄生蠅，**Tachinid Fly

雙翅目寄蠅科 Tachinidae，體長
7mm，複眼紅色，體黑色，具不銹
鋼般光澤，腹部有白色橫帶，胸、
腹部覆剛毛。發現於 11 月份。

**東方粗股食蚜蠅，**Hover Fly

*Syritta orientalis*，雙翅目食蚜蠅科
Syrphidae，體長 10mm，頭部略寬於
胸，體亮黑色，腹部其中 2 節透明，
末端稍膨大，前、中腳淡褐色，後腳
腿節明顯膨大，下緣具齒突。發現於
12 月份。

**果實蠅，**Fruit Fly

雙翅目果實蠅科 Tephritidae，體長 6mm，頭部略寬於胸，複眼具虹彩光澤，前、中胸背板褐色，後胸背板亮黑色，腹部淡褐色具黑色斑紋，翅具黑、褐、淡黃色斑紋。發現於 3 月份。

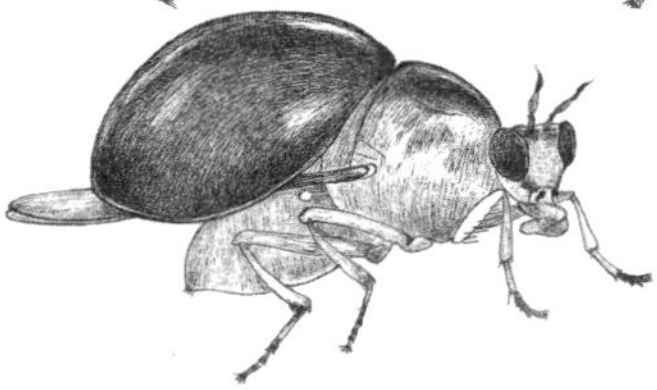

**甲蠅，**Fly

雙翅目甲蠅科 Celyphidae，頭至腹端長 4mm，複眼紅褐色，胸及小盾板透明灰褐色，體背圓隆似甲蟲，行動敏捷，善跳飛。發現於 9 月份。

**細扁食蚜蠅，**Hover Fly

*Episyrphus balteatus*，雙翅目食蚜蠅科 Syrphidae，體長 9mm，複眼紅色，胸銅黃色，腹部橙黃色，具數條黑色環紋。善於空中停格飛翔。發現於 12 月份。

**蠅，**Fly

雙翅目，體長 12mm，複眼紅色，體黑色。發現於 7 月份。

**糞蠅，**Dung Fly

雙翅目擬花蠅科 Scathophagidae，頭至腹端 11mm，胸背板黑色，有 3 條金色縱紋，腹部光澤黑亮，其中 3 節節間有白斑，前、中腳細長，橙紅色及黑色，後腳腿節膨大，橙紅色，近中央段黑色，側緣具 2 排棘刺。因為幼蟲生活於糞中，故名糞蠅。發現於 3 月份。

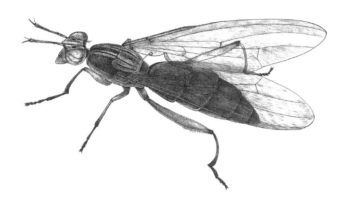

**沼蠅，**Marsh Fly

雙翅目沼蠅科 Sciomyzidae，體長 7mm，褐色，後腳腿節較粗。發現於 11 月份。

這隻小蟲體長僅有 0.4 公分，發現於家中陽台，全身黑色，顎大，胸部及鞘翅密布細刻點。最大特徵是觸角末端膨大，鞘翅只蓋住半個腹部。

**出尾蟲，**Sap Beetle

鞘翅目出尾蟲科 Nitidulidae，黑色，觸角淺褐色，末 3 節黑色，膨大，鞘翅短於腹部，各腳淺褐色。發現於 8 月份。

CHAPTER

3.

出軌的小宇宙

昆蟲界自成一個小宇宙，
千奇百怪，包羅萬象，
到底有多怪，看看就知道！

## ◢ 眼睛長在頭頂外──**柄眼蠅**

頭頂兩側裝上長長的柄，大而圓的眼球又長在柄端，柄眼蠅應該可以在怪蟲排行榜上名列前矛吧！

柄眼蠅側頭擦拭清潔柄眼時，動作宛如少女整理兩側髮髻般優雅，不過，當兩隻雄蠅相遇，會以柄眼驅近，先較量柄眼長度，若兩者長度相當，才需要動武角力，正因為雄蠅的柄眼長度是雌蠅評估交配的標準，於是漸朝長柄眼的方向演化。雄蠅一孵化，趁體軀外表尚軟，會盡力汲取空氣打進兩柄端，和吹氣球的原理一樣，兩柄因此而伸展。兩隻柄眼蠅搶地盤時，還會迅速張翅比大小，輸的便離開。

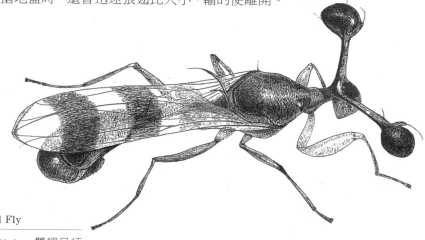

**柄眼蠅，**Stalk-eyed Fly

*Teleopsis quadriguttata*，雙翅目柄眼蠅科 Diopsidae，體長6mm，黑色，小盾板具長棘突，前腳腿節較粗大。發現於3月份。

## ▲ 耳朵長在小腿上——**蟋蟀和螽斯**

蟋蟀和螽斯雄蟲都會以上翅互相摩擦發聲，目的是求
偶或標示領域，所以相對地，聽覺也顯得重要
了。他們的耳朵長在前腳脛節上，外型像
橢圓狀的鼓膜。

### 螽螽（若蟲），Katydid

直翅目螽斯科 Tettigoniidae，體
長 7mm，褐色，體背由頭至腹
端具黑褐色縱帶，兩側鑲白框，
後腳特長，腿節膨大。發現於 1
月份。

### 褐背露斯，Katydid

*Ducetia japonica*，直翅目螽斯
科 Tettigoniidae，體長 35mm，
綠色，體背由複眼間至翅端具
褐色縱帶，前、中腳基節綠色，
腿節以下褐色，後腳基節、腿
節綠色，脛節以下外側褐色。
發現於 11 月份。

### 小棺頭蟋，Cricket

*Loxoblemmus aomoriensis*，直翅目蟋蟀
科 Gryllidae，頭至腹端 14mm，黑色，頭
部前緣有白色橫帶，後緣具黃色短縱斑，
觸角基部有小突起。發現於 9 月份。

# ◢ 把垃圾當寶──草蛉

草蛉的幼蟲是蚜獅，因獵捕蚜蟲為食而得名。他們的背上長有棘刺，將取得的草屑、蚜蟲殼等置於背上，並吐絲黏附加固，遮住柔軟的身體，偽裝成一堆垃圾。整天背著重物，生活想必很辛苦，可是為求保命，忍辱「負重」算什麼。

草蛉的卵非常優美，產卵時彷彿燒製一件玻璃藝術品，選定葉片樹枝位置點後，腹部的熔爐裡以該點為起點，牽拉出玻璃細絲，再黏接橢圓形的卵，一粒卵以單一絲線懸立枝葉上，排成縱列，卵絲遇空氣則逐漸冷卻、硬化。也有數條絲線聚合成花束型態，這種卵團被比喻為佛經中的優曇婆羅花，頗為稀有。

**絹草蛉，**Lacewing

*Ancylopteryx* sp.，脈翅目草蛉科 Chrysopidae，頭至翅端 12mm，綠色，中胸背板具塊狀隆起，翅透明微白，布細毛，有數個大小黑斑。發現於 12 月份。

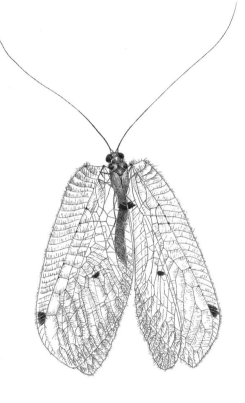

# ◢ 蟲界的長頸族──棕長頸捲葉象鼻蟲

棕長頸捲葉象鼻蟲，雌蟲無「長頸」，雄蟲才有，一副開著怪手的模樣。雄蟲爭地盤與交配權時，會用長頸比劃決鬥。

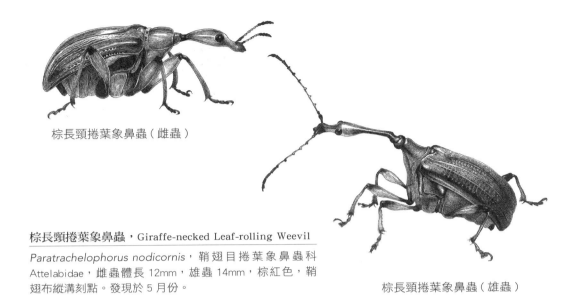

棕長頸捲葉象鼻蟲（雌蟲）

**棕長頸捲葉象鼻蟲**，Giraffe-necked Leaf-rolling Weevil

*Paratrachelophorus nodicornis*，鞘翅目捲葉象鼻蟲科 Attelabidae，雌蟲體長 12mm，雄蟲 14mm，棕紅色，鞘翅布縱溝刻點。發現於 5 月份。

棕長頸捲葉象鼻蟲（雄蟲）

## ◢ 好個活化石──**石蛃**

石蛃沒有翅膀，多在落葉堆中活動或藉由保護色隱身於樹幹上，很少引人注意。石蛃是已知現存最原始的無翅昆蟲，他的太古昆蟲模樣，不由得讓人對他們通過悠悠歷史的生存考驗肅然起敬。

**石蛃**，Bristletail

石蛃目石蛃科 Machilidae，頭至腹端 7mm，尾毛 10mm，灰褐色，雜有黑色斑點。發現於 11 月份。

石蛃乍看體色灰褐，雜有黑斑，毫不起眼，但在光線照射下，他身上的鱗粉卻閃耀著金箔般的光澤。腹部下有 7 對跗肢，另有一對位於腹節最末節，故善於彈跳。

## ▲ 一把剪刀隨身帶──蠼螋

蠼螋的英文是 earwig，從前外國人認為蠼螋會在晚上偷偷爬進人的耳朵，畢竟蠼螋的剪刀狀尾鋏乍看還挺嚇人的，不過別以貌取蟲，蠼螋媽媽可是非常盡責的，盡責到幾近歇斯底里的程度。下圖這隻蠼螋媽媽不停地在方圓 10 公分內搬移她的 40 顆卵，就和人類母親一樣，永遠都在安排對兒女最有利的位置。

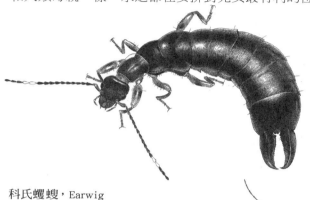

**肥蠼螋，Earwig**

革翅目肥蠼螋科 Carcinophoridae，體長 19mm，黑色，各腳透明具暗褐色斑，觸角倒數第四、五節白色。發現於 7 月份。

**科氏蠼螋，Earwig**

*Timomenus komarovi*，革翅目蠼螋科 Forficulidae，體長 13mm，尾鋏 5mm，黑褐色，革翅紅褐色。發現於 2 月份。

## ▲ 跟「Lady Gaga」比怪──鳥羽蛾

鳥羽蛾的翅膀剪刻成多岔羽毛狀，細細的腰身，中、後腳多處「關節」還有長長的棘刺，好比蟲界的「Lady Gaga」，極盡誇張之能事，就是要和別的蛾不一樣。

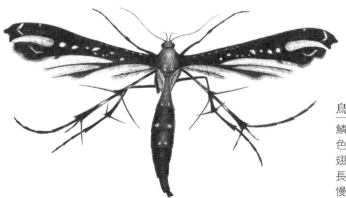

**鳥羽蛾，Plume Moth**

鱗翅目羽蛾科 Pterophoridae，黑褐色，體長 8mm，前翅布白色斑，後翅細短具緣毛，中、後腳較長，有長棘刺，腹部有白色斑點，飛行緩慢，狀似大蚊。發現於 10 月份。

## ◤ 名副其實女兒國──瘤竹節蟲

據說臺灣尚未有瘤竹節蟲的雄蟲紀錄，可能採孤雌生殖。他們多於草叢落葉地面活動，長得像一段枯枝。若蟲身體扁平，倒是比較像小魚乾。

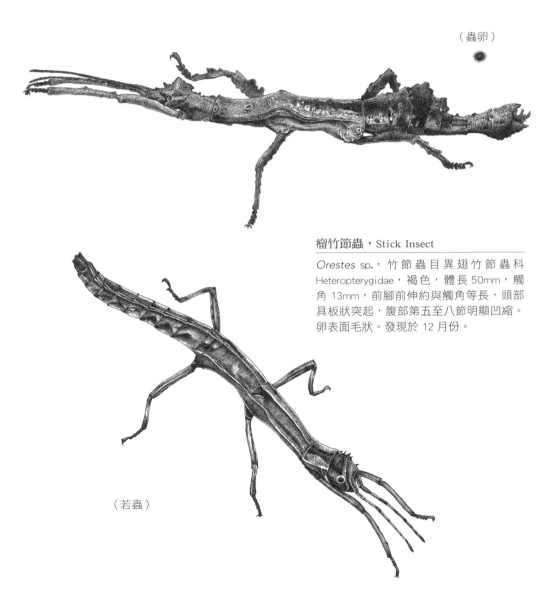

（蟲卵）

**瘤竹節蟲，**Stick Insect

*Orestes* sp.，竹節蟲目異翅竹節蟲科 Heteropterygidae，褐色，體長 50mm，觸角 13mm，前腳前伸約與觸角等長，頭部具板狀突起，腹部第五至八節明顯凹縮。卵表面毛狀。發現於 12 月份。

（若蟲）

## ◣ 渾身是刺——褐胸鐵甲蟲、長角蛉幼蟲、齒緣刺獵椿

褐胸鐵甲蟲，屬於金花蟲科。臺灣的鐵甲蟲有很多種，有的外型如蟲界中的刺蝟，體表長滿刺的功用不外是防身避敵。不過，我猜最大的受害者應該是鐵甲蟲雄蟲，交配時全身腹面大概很痛吧！

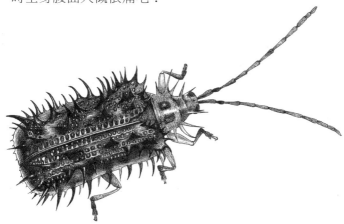

**褐胸鐵甲蟲，**Spiny Leaf Beetle

*Dactylispa higoniae*，鞘翅目金花蟲科 Chrysomelidae，褐色，體長 5mm，胸背板有 2 個黑褐斑，基部與外緣具棘刺，鞘翅滿布縱刻點與長短棘刺，食草為杜虹花。發現於 12 月份。

長角蛉幼蟲停在枯枝末端，體色和枯枝相仿，體表也是粗糙的樹皮質感，非常不易讓人發現。繞著圓盤狀身體外圍有趾狀突起，上面布滿了刺，就像長了一圈仙人掌，他的大顎狀似長鐮刀，可以開展呈 180 度，用來獵捕和吸食獵物體液，每隻眼睛並長了 6 顆凸起的小眼睛。不過，醜小鴨長大變天鵝，成蟲酷似長了蝴蝶觸角的蜻蜓，翩翩飛舞。

**長角蛉（幼蟲），**Owl Fly

脈翅目長角蛉科 Ascalaphidae，土褐色，體長 9.5mm，大顎 6mm，腹部圓鼓，中央處較隆起。發現於 10 月份。

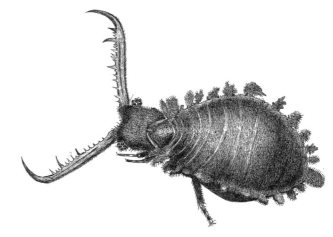

齒緣刺獵椿的頭、胸部長滿了棘刺，6隻腳上也都是刺，比較特別的是他腹部的鋸齒狀側緣，這應該是他名字的由來。

**齒緣刺獵椿，**Spiny Assassin Bug
*Sclomina erinacea*，半翅目獵椿科 Reduviidae，黃褐色，體長 15mm。發現於 4 月份。

## ▲ 當縮頭烏龜的蟲——龜金花蟲

龜金花蟲頭部藏於胸背板下，鞘翅外擴，整體外型就像烏龜，讓軟軟的肚子和6隻腳全部受這龜殼金鐘罩保護。他們的幼蟲也很奇怪，全身是刺，而且把每次蛻下來的皮和便便覆蓋在身上，偽裝成一團亂刺雜物驅敵。

**大黑星龜金花蟲，**Tortoise Beetle
*Aspidomorpha miliaris*，鞘翅目金花蟲科 Chrysomelidae，淡黃色，布大小黑斑，體長 10mm，前胸背板和鞘翅幾近透明。發現於 6 月份。

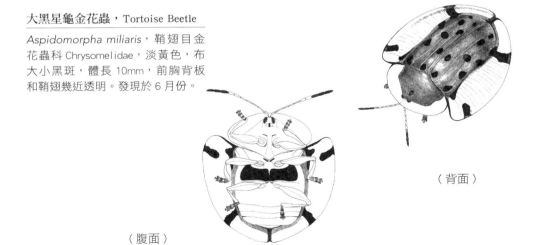

（腹面）

（背面）

## ▲ 不成比例的粗腿——**角頭小蜂**

粗腿小蜂，體長約 0.5 公分，頭、胸布皺褶，還有銀白色細毛，頭頂呈二叉角狀，再配上一雙不成比例的粗後腿，粗腿又接上細細的彎鉤狀脛節以及細到不能再細的跗節（如何承受得了膨大腿節的重量及動能？）。國外的研究資料顯示，相似種是寄生性蜂類。

另一種「輕量級」的粗腿小蜂。

角頭小蜂，Chalcidid Wasp

*Dirhinus* sp.，膜翅目小蜂科 Chalcididae，黑色，觸角、前、中腳紅褐色，後腳黑色，跗節紅褐色。發現於 3 月份。

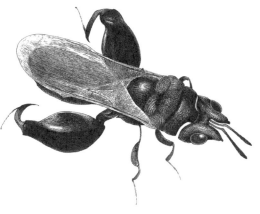

## ▲ 有大象鼻子的昆蟲——**象鼻蟲**

象鼻蟲的「象鼻」其實不是鼻子，而是他們的口吻，前端是咀嚼式口器，用來鑽挖果實或植物莖幹。除了長相怪，行為也怪好笑的。他們的行動緩慢，稍有風吹草動，就暫停動作，要是遇到侵擾，馬上緊縮六肢裝死，甚至直接掉落地面。有的個體誇張到只是影子閃過，立刻昏倒掉落葉下。

看這些象鼻型態、尺寸各異，簡直和達爾文雀的鳥喙演化歧變有異曲同工之妙（註）。

| 註 |

達爾文雀是加拉巴哥群島的十餘種雀鳥，由提出演化論的達爾文所發現。他們都緣自同一種雀鳥，體型相當，但各自在隔離環境中高度適應了食物來源，演化出各不相同的鳥喙形狀與尺寸。

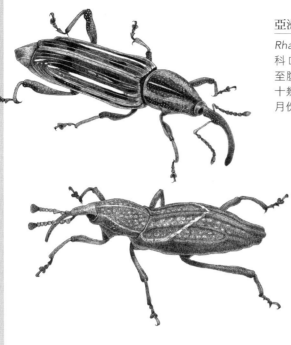

**亞洲棕櫚象鼻蟲，Palm Weevil**

*Rhabdoscelus lineatocollis*，鞘翅目椰象鼻蟲科 Dryophthoridae，紅褐色，斑紋顏色紛雜，頭至腹端 12mm，前胸背板中線黑色。這是臺灣十幾年前新記錄的棕櫚科植物害蟲。發現於 10 月份。

**斜條象鼻蟲，Banded Weevil**

*Cryptoderma fortunei*，鞘翅目椰象鼻蟲科 Dryophthoridae，體長 10mm，米褐色，前胸背板有 3 條白色縱紋，鞘翅有一 V 字形白色條紋。發現於 7 月份。

**大四紋象鼻蟲，Four-spotted Weevil**

*Sphenocorynes* sp.，鞘翅目椰象鼻蟲科 Dryophthoridae，紅褐色，密布淺白色小斑點，體長 17mm，前胸背板有 3 條黑色縱斑，鞘翅有 4 塊黑斑。發現於 10 月份。

**象鼻蟲，Weevil**

鞘翅目椰象鼻蟲科 Dryophthoridae，前胸背板密布點狀突起，上方有 3 條白色縱斑，兩側外緣各 1 條，鞘翅布縱刻點及白色條紋，各腳黑色，覆白短毛。發現於 4 月份。

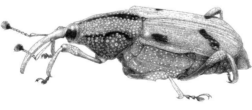

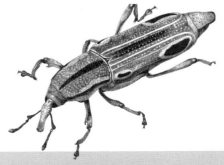

**四紋象鼻蟲，Four-spotted Weevil**

*Sphenocorynes kosempoensis*，鞘翅目椰象鼻蟲科 Dryophthoridae，體長 12mm，紅褐色，密布淺白色小斑點，前胸背板有 3 條黑色縱斑，鞘翅中央有黑縱線，外側有 4 個鑲白框的黑斑。發現於 11 月份。

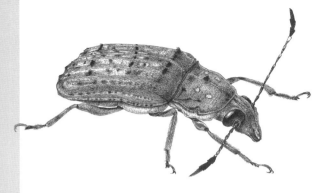

### 長角象鼻蟲，Fungus Weevil

鞘翅目長角象鼻蟲科 Anthribidae，體長 18mm，灰褐色，布雜斑，觸角末3 節膨大，複眼大，鞘翅黑斑部分並布短叢毛。發現於 4 月份。

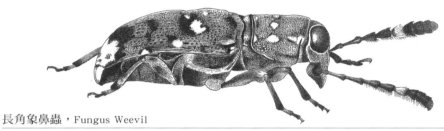

### 長角象鼻蟲，Fungus Weevil

鞘翅目長角象鼻蟲科 Anthribidae，體長 7mm，黑褐色，布雜斑，觸角至末端漸粗大，倒數第五節白色，鞘翅末端顏色較淡，斑紋似人臉。發現於 6 月份。

### 長角象鼻蟲，Fungus Weevil

鞘翅目長角象鼻蟲科 Anthribidae，體長 4mm，灰褐色，布黑色花紋，觸角末 3 節膨大，複眼大。發現於 1 月份。

### 象鼻蟲，Weevil

*Episomus* sp.，鞘翅目象鼻蟲科 Curculionidae，體 長 18mm，米褐色，體背呈球狀隆起，表面具瘤狀凹凸，鞘翅末端有 2 個較尖的瘤狀突起。發現於 10 月份。

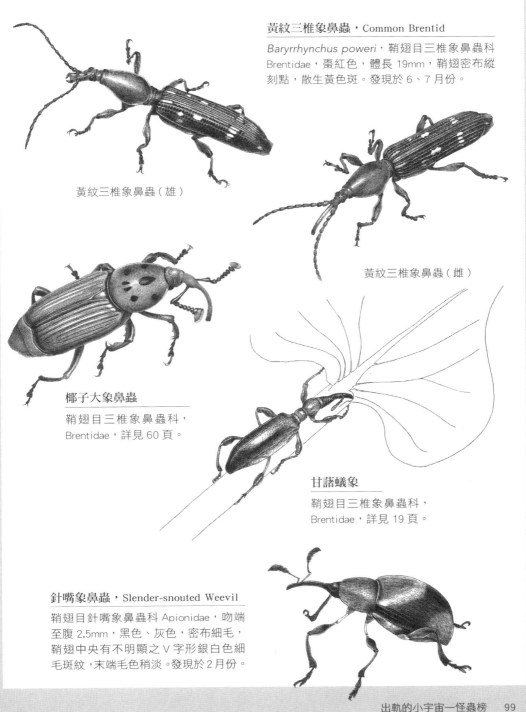

### 黃紋三椎象鼻蟲，Common Brentid

*Baryrrhynchus poweri*，鞘翅目三椎象鼻蟲科 Brentidae，棗紅色，體長 19mm，鞘翅密布縱刻點，散生黃色斑。發現於 6、7 月份。

黃紋三椎象鼻蟲（雄）

黃紋三椎象鼻蟲（雌）

### 椰子大象鼻蟲

鞘翅目三椎象鼻蟲科，Brentidae，詳見 60 頁。

### 甘藷蟻象

鞘翅目三椎象鼻蟲科，Brentidae，詳見 19 頁。

### 針嘴象鼻蟲，Slender-snouted Weevil

鞘翅目針嘴象鼻蟲科 Apionidae，吻端至腹 2.5mm，黑色、灰色，密布細毛，鞘翅中央有不明顯之 V 字形銀白色細毛斑紋，末端毛色稍淡。發現於 2 月份。

## ◢ 帶 2 把梳子的蟲──紅螢

紅螢是愛漂亮的蟲，身著豔紅色網紋禮服，
還隨身帶了 2 把梳子。

右圖這類紅螢的觸角通稱櫛角狀；
「櫛」，意指梳子等理髮用具。而他們
的豔紅體色其實是警戒色，等於向掠
食者宣告：「我不好吃，我有毒。」
難怪紅螢的動作一派優閒從容。

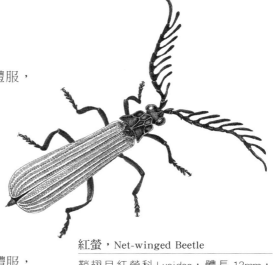

紅螢，Net-winged Beetle

鞘翅目紅螢科 Lycidae，體長 12mm，
黑色，觸角櫛角狀，各節除基節與末節
外均有分支，前胸背板具數個凹窪及隆
脊，鞘翅豔紅色，具網狀格紋，腿節、
脛節扁平狀。發現於 3 月份。

下圖是另一種紅螢，也穿著豔紅色網紋禮服，
他的觸角雖然　　　不是櫛角狀，但與大多數
昆蟲相較之　　　　下，仍然很顯眼。

紅螢，Net-winged Beetle

鞘翅目紅螢科 Lycidae，黑色，前胸背
板中線微凸，鞘翅豔紅色，具網狀格
紋。發現於 5 月份。

## ◢ 會「前空翻」的昆蟲──叩頭蟲

一般甲蟲如果不小心仰躺地面，總要花費一番功夫才能
翻過身來，翻不過來的話可就要命了。叩頭蟲就不一樣
囉，他會「前空翻」特技，因為他身上有一組彈器，把
前胸向後一挺，瞬間猛力磕頭，身體便反彈翻回正面，
遇到危險時也利用這個絕招逃離現場。

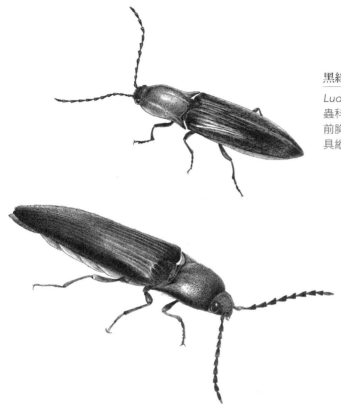

### 黑緣紅胸叩頭蟲，Click Beetle

*Ludioschema obscuripes*，鞘翅目叩頭蟲科 Elateridae，體長 15mm，頭黑色，前胸背板紅色，前緣黑邊，鞘翅黑色，具縱溝紋。發現於 6 月份。

### 叩頭蟲，Click Beetle

鞘翅目叩頭蟲科 Elateridae，體長 15mm，黑褐色，前胸背板具刻點，密生細毛，較無光澤，鞘翅亦覆細毛，但有光澤。發現於 6 月份。

擬叩頭蟲外型頗像叩頭蟲，但他們身上沒有彈器構造。

### 擬叩頭蟲，Lizard Beetle

鞘翅目大蕈甲科 Erotylidae，體長 10mm，頭、鞘翅黑色，前胸背板紅色，中央為黑色圓斑。發現於 5 月份。

同一種生物的雌雄兩性在體型及外貌上具有明顯
差異，通常稱之為兩性異型。
而昆蟲當中，也有某些雌雄蟲外型、體色不相同，
差距之大甚至讓人誤為兩個不同的物種。

紅邊黃小灰蝶雌、雄翅膀腹面相同，但雄蝶翅膀表面卻有雌
蝶沒有的大面積藍紫色金屬斑。還有，為了偵測雌蟲方
位，許多雄蛾觸角呈羽毛狀，較雌蛾發達；雄蚊觸角
亦為羽毛狀，較雌蚊發達。另外，有壯觀大顎的鍬形蟲
是雄蟲；前面提過的棕長頸捲葉象鼻蟲，只有雄蟲才
有誇張的「長頸」。

**紅邊黃小灰蝶（雄），**Blue

*Heliophorus ila matsumurae*，
鱗翅目灰蝶科 Lycaenidae，頭
胸黑色，鞘翅橙紅色，體長
12mm，翅膀腹面黃褐色，邊緣
具紅色波紋，植食性。發現於
9 月份。

**海南禾斑蛾（雌），**Burnet

*Artona hainana*，鱗翅目斑蛾科
Zygaenidae，體長 11mm，胸、
翅黑色，具黃色大小斑塊，植食
性。發現於 6 月份。

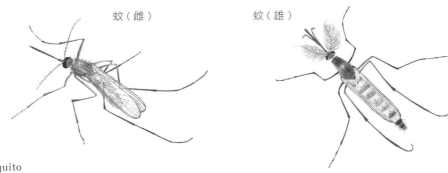

蚊（雌）　　　　　蚊（雄）

## 蚊，Mosquito

雙翅目蚊科 Culicidae，雄蚊體長
5.5mm，雌蚊 6mm，前胸背板具細
縱紋，覆細毛，腹部各節有黑褐色
環紋。發現於 6 月份及 1 月份。

紅圓翅鍬形蟲（雄）

紅圓翅鍬形蟲（雌）

## 紅圓翅鍬形蟲，Stag Beetle

*Neolucanus swinhoei*，鞘翅目鍬形蟲
科 Lucanidae，頭、胸黑色，鞘翅橙紅
色，雄蟲體長 40mm，雌蟲 34mm，
雄蟲大顎內側具數個齒突，雌蟲大顎
末端彎尖，植食性。發現於 11、12
月份。

前面提到象鼻蟲的象鼻主要功用是覓食的口器，但也是雌蟲產卵前的鑽鑿工具。雌蟲
以象鼻在植物莖幹、捲葉或果實鑿洞或橫裂口，再產卵於其中。多數種類的象鼻蟲雌、
雄蟲外觀相同，僅有體型大小之差異，不過黃紋三椎象鼻蟲雌蟲的口器是穿鑿用的長
鼻狀，而雄蟲的口器卻是鉗子狀。

黃紋三椎象鼻蟲（雌）

## 黃紋三椎象鼻蟲，Common Brentid

*Baryrrhynchus poweri*，鞘翅目三椎
象鼻蟲科 Brentidae，棗紅色，體長
19mm，鞘翅密布縱刻點，散生黃色
斑，植食性。發現於 6、7 月份。

黃紋三椎象鼻蟲（雄）

一般而言，天牛雄蟲的觸角較雌蟲長，但這是相對性的比較。有時某種天牛雌蟲的觸角反而比另一種天牛雄蟲要來得長。例如，下圖看來觸角頗長的其實是黃星天牛雌蟲，雄蟲觸角長度可達身體長度 3 倍之多。而另一種茶胡麻天牛，雌雄蟲觸角長度的差距則沒這麼大。

黃星天牛，Longhorn Beetle

*Psacothea hilaris hilaris*，鞘翅目天牛科 Cerambycidae，體長 24mm，暗褐色，頭部中央及前胸兩側有白色縱紋，鞘翅散生淡黃色大小斑點，植食性。發現於 6 月份。

茶胡麻天牛，Longhorn Beetle

*Agelasta (Dissosira) perplexa*，鞘翅目天牛科 Cerambycidae，褐色，具大小不一黑色雜斑，體長 16mm，植食性。發現於 4 月份。

黑斑紅長筒金花蟲雄蟲頭部較雌蟲碩大，大顎亦較發達。

黑斑紅長筒金花蟲，Leaf Beetle

*Coptocephala bifasciata*，鞘翅目金花蟲科 Chrysomelidae，頭部及腹面黑色，前胸背板及鞘翅紅褐色，鞘翅具黑色斑，體長 7mm，植食性。發現於 6 月份。

書上介紹的絨蟻蜂多是在地面爬行的無翅雌蟲，從未見過雄蜂的照片，某日外出拍照卻親眼目睹雄蜂以大顎叼住雌蜂「頸部」，飛到人高的樹葉上交配。許久未有解答的謎題終於揭曉，讓人有中樂透的感覺。

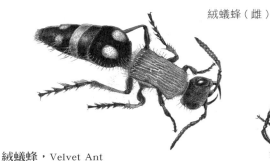

絨蟻蜂（雌）

絨蟻蜂（雄）

**絨蟻蜂，Velvet Ant**
膜翅目蟻蜂科 Mutillidae，雄蟲體長 17mm，有翅，除腹部 2 節紅色外，餘全身黑色，覆金黃色細毛；雌蟲 15mm，無翅，頭黑色，前胸背板紅色，皺褶狀，腹黑色，具淺黃斑。發現於 8 月份、10 月份。

蠍蛉雌、雄蟲的最大差異在於腹部，雌蟲腹部末端漸扁縮，雄蟲腹部末端的生殖器卻膨大如蠍子的螯鉤並向上揚起，因此稱作「舉尾蟲」，這也是「蠍蛉」名稱的由來。

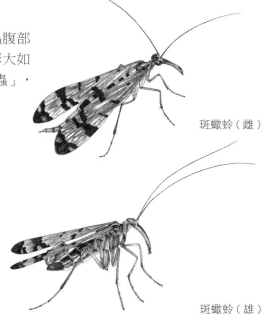

斑蠍蛉（雌）

**斑蠍蛉，Scorpionfly**
*Panorpa deceptor*，長翅目蠍蛉科 Panorpidae，頭褐色，口器、胸、腹、腳黃褐色，前胸背板側邊近翅基處有黑色縱斑，腹部數節有黑褐色環紋，翅透明，布黑色斑紋，雄蟲體長 11mm，雌蟲 15mm。發現於 11、12 月份。

斑蠍蛉（雄）

蟋蟀雌蟲腹部末端具產卵管，如下圖的鉦蟋；而左下圖的黃斑鐘蟋蟀腹末 2 根並非產卵管，而是尾毛，尾毛雄雌俱有。這隻雄蟲經常摩擦翅膀發出剪刀開闔般的金屬清亮聲。蟋蟀、螽斯類直翅目昆蟲的雌蟲不發聲，只有雄蟲會摩擦雙翅發聲「唱情歌」，吸引雌蟲青睞。

**錘鬚鉦蟋（雌）**，Scaly Cricket

*Ornebius fuscicerci*，直翅目鉦蟋科 Mogoplistidae，灰褐色，無翅，頭至腹端 12mm，前胸背板外緣白色框，腹部具白色環紋。發現於 8 月份。

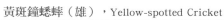

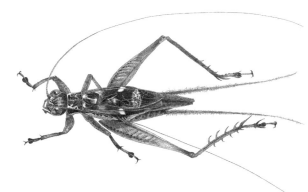

**黃斑鐘蟋蟀（雄）**，Yellow-spotted Cricket

*Cardiodactylus novaeguineae*，直翅目蟋蟀科 Gryllidae，體長 25mm，頭、觸角、各腳紅褐色，胸、翅黑褐色，布黃斑，後腳特長，腿節粗大。發現於 10 月份。

微翅跳螳螂雌蟲翅膀短小，而雄蟲卻有微翅型或長翅型個體。

**微翅跳螳螂（雌）**，Short-winged Mantid

*Amantis nawai*，螳螂目螳科 Mantidae，體長 17mm，褐色，全身密布黑色碎斑，肉食性。發現於 1 月份。

有一些昆蟲只出現在臺灣，世界上其他地方見不到，
我們稱之為臺灣特有種。特有種的產生，通常需要
經過漫長的歲月，再加上特殊的地理環境等條件，
才能孕育出臺灣「本地限定」的昆蟲。

形成特有種的原因可溯及冰河時期，冰河期水位降低，生物易於由寒冷的歐亞大陸逐漸遷往較溫暖的臺灣，到了最後一次冰期結束，水位上升，臺灣被臺灣海峽隔離為一座獨立島嶼，其間生物面臨淘汰滅絕或適者生存的命運，久而久之，存活下來的物種未能再與大陸的親族交流，漸漸與他們的祖先不一樣，長相、習性甚至基因改變，成為一個獨立的「種」。而臺灣有三千多公尺的高山，也有赤道熱帶海岸林，植物相涵蓋寒溫帶至熱帶，也孕育出豐富的動物相。又因為島嶼物種只限於島內較小的基因庫，漸漸產生出特有種及特有亞種。

臺灣樟紅天牛發現於瑞芳低山地區，體色樟紅色，乍見以為是一隻紅螢。依據周文一先生《臺灣天牛圖鑑》的紀錄，臺灣天牛有 600 餘種，而其中特有種居然超過半數，臺灣物種之豐富與獨特令人驚奇。

**臺灣樟紅天牛，**Longhorn Beetle

*Pyrestes curticornis*，鞘翅目天牛科 Cerambycidae，體長 15mm，全身樟紅色，有光澤，密布短毛，植食性。發現於 6 月份。

白縞天牛屬於山區普遍可見的天牛，前胸有 3 條黑色縱紋，外緣兩側各有一尖刺，鞘翅除左右具白色大斑塊外，並布滿不規則白色、米色斑點。

白縞天牛，Longhorn Beetle

*Paraleprodera itzingeri*，鞘翅目天牛科 Cerambycidae，體長 18mm，前胸背板米褐色，具 3 條黑色縱紋，鞘翅褐色，植食性。發現於 4 月份。

星胸黑虎天牛喜歡在枯木上活動，而且一次常見數隻聚集，也算是普遍可見的種類。

星胸黑虎天牛，Longhorn Beetle

*Xylotrechus formosanus*，鞘翅目天牛科 Cerambycidae，褐色，前胸背板中央具黑色縱紋，鞘翅布波狀紋路，植食性。發現於 11 月份。

梭德氏黃紋天牛，臺灣特有亞種。下雨前的潮溼午後發現於新店山區。

梭德氏黃紋天牛，Longhorn Beetle

*Glenea lineata sauteri*，鞘翅目天牛科 Cerambycidae，體長 12mm，黑色，前胸背板具淡黃色縱紋，鞘翅左右各 3 條淡黃色縱紋，植食性。發現於 7 月份。

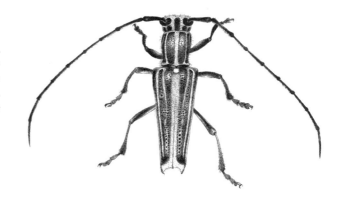

菊虎外表看似柔弱纖細，幼蟲卻是肉食性。據說臺灣十餘種短翅菊虎均為特有種。發現下圖這種黑色短翅菊虎時，總共有 5 隻在同一株山黃麻葉背，行動敏捷，經常在樹葉間跳飛移動。

**短翅菊虎，**Soldier Beetle

*Ichthyurus nigripennis*，鞘翅目菊虎科 Cantharidae，體長 8mm，黑色，頭背複眼間有 2 白斑，翅黑色，有光澤。發現於 5 月份。

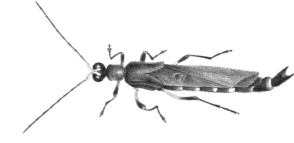

**短翅菊虎，**Soldier Beetle

*Trypherus* sp.，鞘翅目菊虎科 Cantharidae，體長 7.2mm，黃、黑色。發現於 4 月份。

菊虎科的昆蟲外型變化頗多，連下圖這種長得像紅螢的蟲也屬於菊虎科。

**黑胸鉤花螢，**Soldier Beetle

*Lycocerus nigricollis*，鞘翅目菊虎科 Cantharidae，體長 14mm，黑色，觸角寬扁鋸齒狀，大顎發達，前胸背板具對稱隆突，鞘翅豔紅色，有略為突起的縱向皺褶。發現於 4 月份。

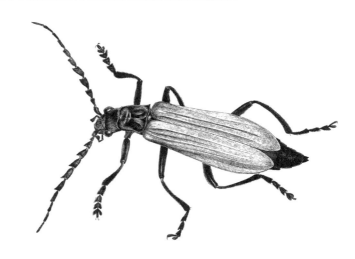

是哪個檳榔西施做怪，在樹上包了好幾粒「包葉仔」？其實這是黑點捲葉象鼻蟲媽媽做給寶寶的，風吹之下有如搖籃，因此這類會捲葉的象鼻蟲常被稱為「搖籃蟲」。蟲媽媽捲葉時會啃咬葉片來塑形，順便軟化葉片組織，最後產下一顆卵，寶寶吃喝拉撒睡都在裡面。有的「包葉仔」會留在樹上，有的會被啃斷落在地面草叢，視植物種類而異。

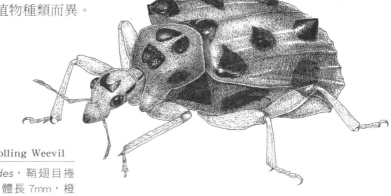

**黑點捲葉象鼻蟲，**Leaf-rolling Weevil

*Agomadaranus pardaloides*，鞘翅目捲葉象鼻蟲科 Attelabidae，體長 7mm，橙紅色，頭背複眼上方及前胸背板有黑斑，鞘翅有縱突紋及黑色瘤狀突起，植食性。發現於 2 月份。

深山扁鍬形蟲發現於瑞芳低山區，鞘翅黑褐色，密生明顯小刻點。扁鍬形蟲的身軀扁平，讓他們容易鑽進樹皮縫等隱蔽地點藏身。

**深山扁鍬形蟲，**Stag Beetle

*Dorcus kyanrauensis*，鞘翅目鍬形蟲科 Lucanidae，體長 22mm，黑褐色，植食性。發現於 11 月份。

深夜，山谷下起了冬季第一場薄雪，到了凌晨，萬物妝抹了一片白粉，化妝舞會正要開始，才沒多久，太陽跟風來了，鬧著解散這場舞會，惹得地芫菁爬出來看看怎麼舞會這麼快就結束了。

別以為大腹便便的他是雌蟲，地芫菁雄雌蟲都是這副鞘翅短小，像穿著小背心的模樣，差別在於雄蟲觸角五至七節特別膨大。

地芫菁體內含芫菁素劇毒，可免於鳥類啄食的危險。大自然是很奇妙的，毒性和藥性是一體的兩面，卻也因此，地芫菁逃心，歐洲自古便捕捉地芫菁入藥，至於萬物皆可入藥的古中國就更不用說了。　　　　　　　　　　　　　不過人類的手掌

### 臺灣地芫菁，Oil Beetle

*Meloe formosensis*，鞘翅目地膽科 Meloidae，體長 19mm，墨藍色，具金屬光澤。發現於 1 月份。

綠艷白點花金龜頗為常見，體色金綠、金褐或金藍色，體背有很多白色小碎斑，後腳脛節末端長了兩根直的棘刺，是鑑定本種的重要特徵。

### 綠艷白點花金龜，Scarab Beetle

*Protaetia elegans*，鞘翅目金龜子科 Scarabaeidae，體長 20mm，褐色，具金屬光澤，植食性。發現於 11 月份。

銅點花金龜是分布於低中海拔山區的種類，不過這隻出現在學校圍牆外。體色淡褐，質感類似麂皮，散生米白色碎斑，斑點數量及位置隨個體差異，而他的前胸背板體色較鞘翅部分來得淡些。鞘翅兩側具有略凸　　　　　　　　　　　　　的稜脊。

### 銅點花金龜，Scarab Beetle

*Protaetia culta culta*，鞘翅目金龜子科 Scarabaeidae，體長 17mm，植食性。發現於 7 月份。

臺灣豆金龜前胸背板有綠色金屬光澤，鞘翅淡褐色，有光澤，縱向溝紋深，腹部末端外露，可見 2 枚白色毛叢。

**臺灣豆金龜**，Scarab Beetle

*Popillia taiwana*，鞘翅目金龜子科 Scarabaeidae，體長 10mm，植食性。發現於 7 月份。

山上農家廣埕前丟棄了一堆鳳梨皮，發酵的果香吸引了蒼蠅群聚餐，也吸引了少見的稀客——角金龜來此，而且一次 5 隻。雄蟲有紅褐色的鹿角狀犄角，雌蟲則無。臺灣角金龜為特有亞種。

**臺灣角金龜**，Scarab Beetle

*Dicranocephalus bourgoini*，鞘翅目金龜子科 Scarabaeidae，頭至腹端 20mm，黃褐色，具麂皮質感，植食性。發現於 4 月份。

不是每一種螢火蟲都會發光，像奧氏弩螢是白天活動的種類，並不發光。

**奧氏弩螢**，Firefly

*Drilaster olivieri*，鞘翅目螢科 Lampyridae，體長 10mm，黑色，前胸背板弓弩狀，鞘翅豔紅色，密生細毛。發現於 4 月份。

季節由秋天轉入冬天，圓葉雞屎樹也開始戴上藍寶石般的果實鍊墜，許多昆蟲早已準備過冬，不見蹤影，唯獨這隻大吸木甲埋首圓葉雞屎樹頸項間，神醉不已。

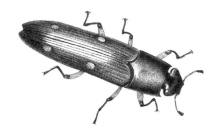

臺灣大吸木甲，Helotid Beetle

*Neohelota taiwana*，鞘翅目大吸目甲科 Helotidae，體長 8mm，黑褐色，具金屬綠光澤，前胸有細刻點，鞘翅刻點縱向排列，左右各具 2 黃色圓斑，觸角棍棒狀，植食性。發現於 11 月份。

粗角緣腹朽木蟲頭、胸、鞘翅黃褐色，鞘翅上有縱向溝紋，體長約 10mm。各腳腿節黃褐色，脛節以下黑色。夏季時發現，當時他正在杜虹花葉片上爬行。

粗角緣腹朽木蟲，Beetle

*Cistelina crassicornis*，鞘翅目擬步行蟲科 Tenebrionidae，植食性。發現於 6 月份。

從側面看，突眼蝗頭部尖尖，大眼睛占了頭部二分之一面積，一副外星生物模樣。哦！不！應該反過來說，電影裡的外星人造型，靈感絕對是來自昆蟲。

突眼蝗的後腳是彈簧腿，當遇到可能的危險時，會緩緩拉開彈簧，做起預備動作，一發現苗頭不對，即瞬間彈跳閃開。雌蟲和若蟲體色為低調褐色，雄蟲身體則帶有螢光黃綠色。

突眼蝗，Monkey Grasshopper

*Erianthus formosanus*，直翅目短角蝗科 Eumastacidae，雄蟲體長 20mm，黃綠色，具金屬光澤，翅褐色，近末端有白色橫斑；若蟲體長 15mm，褐色，散生細碎斑點，植食性。發現於 10、11 月份。

前方的落葉層隱約透著寶石的光芒，緩步趨前一看，是隻大擬步行蟲。昨兒個夜裡我在附近瞥見他匆忙經過時，以為他是黑褐色的，此時在陽光下竟是如此「閃閃動人」，吸引我追著他拍照。這一切讓在旁的小蟪蛄發出不平之鳴，他在樹上已經等候多時，就是還沒輪到他這個超模照相，我趕忙靠近安撫，拍了幾張照片後，他才暫且平靜，停止抱怨。不過，這下換大擬步行蟲吃味，氣得躲了起來。

**小蟪蛄，**Cicada

*Platypleura takasagona*，半翅目蟬科 Cicadidae，體長 21mm，綠色，布銀色細毛，翅脈淺黃褐色，前翅布雲狀斑，後翅黑色，外緣透明。發現於 7 月份。

黑翅草蟬於夏季發現，停棲於芒草葉上。體色黑色，頭、胸、腹部背面的隆起處覆蓋金色鱗毛，宛如灑上金箔。

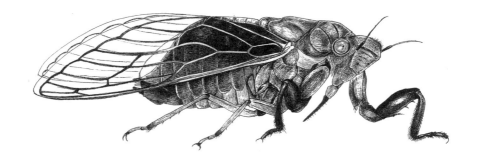

**黑翅草蟬，**Cicada

*Mogannia formosana*，半翅目蟬科 Cicadidae，體長 16mm，植食性。發現於 7 月份。

## 4 昆蟲不是我兄弟

有些和昆蟲同屬節肢動物門的小生物，很容易讓人誤認為昆蟲，而且由於生活環境相近，經常同時出現，更易產生混淆。例如蛛形綱的蜘蛛、蠍子、蟎；唇足綱（各體節 1 對腳）的蚰蜒、蜈蚣；倍足綱（各體節 2 對腳）的馬陸等。仔細看，他們的腳並非 6 隻，身體也不是分成頭、胸、腹 3 部分。

### ◢ 鞭蠍

許多書籍介紹鞭蠍是夜行性動物，生活在落葉層或岩石下，躲避光照，不過我遇到鞭蠍兩次，都是白天大刺刺地在地面行走。他的第一對足較細長，作用類似觸角，行進動作很像小孩子玩扮鬼捉人的遊戲，雙手盡力向前伸直伸長。另一個明顯特徵是腹部末端長了一根細細的尾鞭，尾鞭基部有二腺體，可噴發醋酸及羊脂酸。愛美的女性注意了，這個羊脂酸可是化妝品的重要成分。不知道這個消息如果被媒體渲染，會不會引發試用風潮？畢竟現今的年代似乎是一個瘋狂扭曲的年代。

**鞭蠍，Vinegarroon**
蛛形綱鞭蠍目鞭蠍科 Thelyphonidae，頭至腹端 30mm，深褐色，鬚肢膨大有棘刺，內緣有銅紅色毛叢，肉食性。發現於 12 月份。下圖之鞭蠍頭至腹端 15mm。發現於 9 月份。

## ◣ 鼠婦

鼠婦經常可在潮溼陰暗的土壤或落葉堆中發現，體形扁，頭至尾毛端約 0.7 公分。頗為神經質，稍有風吹草動，即盲目奔逃。

**鼠婦，**Pill Bug

*Agabiformius lentus*，軟甲綱等足目鼠婦科 Porcellionidae，褐色，頭部紋路呈碎斑，體背布淺色對稱花紋，足 7 對。發現於 1 月份。

## ◣ 蚰蜒

蚰蜒因為有很多對腳，讓人覺得像蜈蚣。蚰蜒的腳比蜈蚣細長，第一次遇到蚰蜒的人大概會被他們的長相嚇得倒退三步。

蚰蜒肉食性，行動敏捷，常在野外夜間觀察時看到他們。這隻是在屋內發現，擅長躲於家具陰暗縫隙。

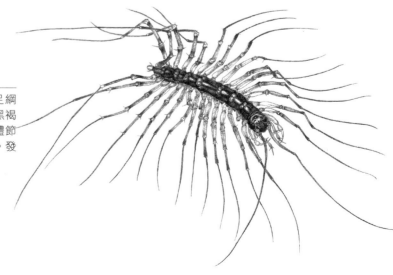

**蚰蜒，**House Centipede

*Thereuopoda clunifera*，唇足綱蚰蜒目蚰蜒科 Scutigeridae，黑褐色，體背有數個淺色斑，各體節 1 對足，透明褐色，共 15 對。發現於 3 月份。

## ▲ 蠅虎

這隻公蠅虎發現於家中陽台，體色以黑色為主，具細條白色花紋。觸肢不斷上下擺動，猶如拳擊預備動作，跳躍前會先高舉第一對腳，行動敏捷，因擅長跳躍，所以又稱作跳蛛。蜘蛛眼睛的排列方式是分類的重要依據，而蠅虎屬於遊走型的狩獵高手，視力非常重要，所以他們光是頭部前方就有 2 個圓滾滾大眼和 2 個輔助小眼，相當於車頭燈的功能。

（雌）

（雄）

**安德遜蠅虎，**Jumping Spider

*Hasarius adansoni*，蛛形綱蜘蛛目蠅虎科 Salticidae，雌蛛體長 7mm，灰褐色，發現於 2 月份。雄蛛體長 5mm，頭胸部黑色，後緣白色，腹基部具白色月牙紋，觸肢前段白色、後端黑色。發現於 3 月份。

## ▲ 蟻蛛

第一次看到蟻蛛時，以為自己發現不得了的新種螞蟻，這種螞蟻竟然會垂絲下墜脫逃，經過資料比對結果，得知他是一種蟻蛛，而自己是井底之蛙，少見多怪。後來聽聞有人把長喙天蛾稱作會飛的蝦子時，我一改慣常的嘲諷作風，只是莞爾一笑。

蜘蛛和昆蟲的差異大致為前者 8 隻腳，後者 6 隻腳；前者體軀分成頭胸、腹兩部分，後者分為頭、胸、腹 3 部分。不過仔細看，下頁圖的蟻蛛頭胸部中央側面體色配置有頭、胸部分立的錯覺效果，而且第一對腳經常伸舉在頭部前方擺動，模仿螞蟻的觸角動作。蟻蛛實在是厲害角色。

**黑色蟻蛛（雄）**，Antmimicking Spide

*Myrmarachne inermichelis*，蛛形綱蜘蛛目蠅虎科 Salticidae，體長 6mm，頭、大顎黑色，胸背板暗紅色，腹部前段暗紅色、後段黑色。發現於 1 月份。

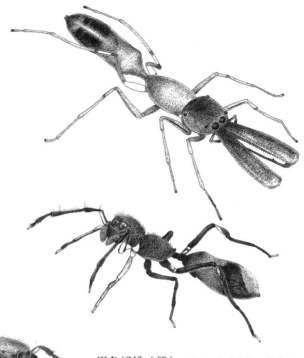

**黑色蟻蛛（雌）**，Antmimicking Spider

*Myrmarachne inermichelis*，蛛形綱蜘蛛目蠅虎科 Salticidae，體長 6.2mm，黑色，腹部有淺色花紋。發現於 3 月份。

**黑色蟻蛛（雌）**，Antmimicking Spider，

*Myrmarachne inermichelis*，蛛形綱蜘蛛目蠅虎科 Salticidae，體長 8mm，黑色，腹部有淺色花紋。發現於 3 月份。

### ◢ 幽靈蛛

廚房角落發現幽靈蛛雌蛛，她產下十幾顆卵，以絲線綑成一團後，再用大顎啣著到處移動。

**幽靈蛛**，Daddy-long-legs Spider

*Artema atlanta*，蛛形綱蜘蛛目幽靈蛛科 Pholcidae，淡褐色，頭胸背板兩側各有 3 斑點，腹背中央褐色縱紋，縱紋兩側有數斑點，足透明褐色，近關節處有斑點。發現於 6 月份。

## ◢ 高腳蛛

另外一種家屋環境常見的蜘蛛——白額高腳蛛，閩南語俗稱「ㄅㄚˇ ㄧㄚˊ」，謠傳不小心碰到他的尿液，皮膚會紅腫起疹塊，但其實較可能是人們拍打隱翅蟲所引起的過敏。高腳蛛因為外型不討喜，所以成了代罪羔羊。

高腳蛛　　　　　是最經濟、最有效的「剋蟑」，而且沒有化學毒性，對人體無害，以後在　　　　　家裡看到他，千萬別再拿拖鞋打他。

**白額高腳蛛，**Huntsman Spider

*Heteropoda venatoria*，蛛形綱蜘蛛目高腳蛛科 Sparassidae，褐色，體長6mm，頭胸背板前、後緣各有一條白色橫帶，腹部有數對黑色橫向斑點。發現於 1 月份。

## ◢ 貓蛛

野外常見的貓蛛科貓蛛屬有斜紋貓蛛、細紋貓蛛、豹紋貓蛛等，由身上的花紋命名，共同特徵是腳上有許多長刺。下頁圖是斜紋貓蛛的雄蛛，他的觸肢膨大，彷彿戴著拳擊手套。觸肢是雄蛛用來傳送精子的工具，而之所以發展出如此複雜的交配模式，實在是因為公蜘蛛怕被母蜘蛛當成獵物，所以交配步驟越快越精準越好。

斜紋貓蛛，Lynx Spider

*Oxyopes sertatus*，蛛形綱蜘蛛目貓
蛛科 Oxyopidae，體長 7mm，頭胸部
及各腳淡綠色，腹部淺褐色，側面具
數條斜紋。發現於 6 月份。

## ◢ 古氏棘蛛

棘蛛通常結網於林間通道上空，他們的背甲外緣有成對的棘刺狀構造，故名棘蛛，身
形前高後低，心臟斑略低於中央二筋點之間，從外表可看到心臟之脈動。產卵後以黃
色絲包覆之，尺寸約為其身體大小。東南亞某些棘蛛身體兩側的　　棘狀物更特化
變長，甚至超過體長數倍，形如牛角。

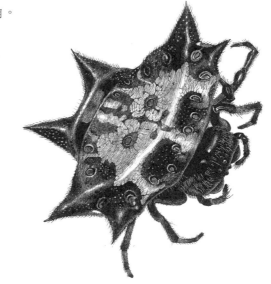

古氏棘蛛，Spiny Orb-weaver

*Gasteracantha kuhli*，蛛形綱蜘蛛目
金蛛科 Araneidae，黑色，腹背中央
具白色斑。發現於 10 月份。

# 附錄

# ／參考書目及網站／

## ／書籍／

朱耀沂（2009）。蟑螂博物學。臺北：天下文化。

朱耀沂（2003）。黑道昆蟲記（上、下）。臺北：玉山社。

余素芳等合著；李奇峰、鄭興宗主編（2010）。臺灣產金花蟲科圖誌 II。臺北：四獸山昆蟲相調查網；臺中：農委會農試所。

印象初、夏凱齡等編著（2003）。中國動物志 - 直翅目（蝗總科：槌角蝗科、劍角蝗科）。北京：科學出版社。

何健鎔（2003）。自然觀察圖鑑 2- 椿象。臺北：親親文化。

周文一（2004）。台灣天牛圖鑑。臺北：貓頭鷹。

林義祥（嘎嘎）、虞國躍（2012）。瓢蟲圖鑑。臺北：晨星。

張永仁（1998）。昆蟲圖鑑 I。臺北：遠流。

張永仁（2001）。昆蟲圖鑑 II。臺北：遠流。

黃世富（2002）。台灣的竹節蟲。臺北：大樹文化。

陳振祥（2012）。臺灣賞蟬圖鑑。臺北：大樹文化。

陳世煌（2001）。臺灣常見蜘蛛圖鑑。臺北：農委會。

楊維晟（2010）。野蜂放大鏡。臺北：天下遠見。

潘建宏、廖智安（1999）。臺灣昆蟲記。臺北：大樹文化。

Bert Holldobler & Edward O. Wilson（2000）。Journey to the Ants。蔡承志（譯）。螞蟻‧螞蟻。臺北：遠流。

Bob Gibbons（1999）。Insects of Britain and Europe。London：HarperCollins。

Mike Picker、Charles Griggiths、Alan Weaving（2002）。Field Guide To Insects of South Africa。Cape Town：Struik。

Rod And Ken Preston-Mafham（2005）。Encyclopedia of Insects and Spiders。London：The Brown Reference Group plc。


## ／網站／

臺灣物種名錄 http://taibnet.sinica.edu.tw/

臺灣大學昆蟲標本館數位典藏 http://www.imdap.entomol.ntu.edu.tw

嘎嘎昆蟲網 http://gaga.biodiv.tw/

# ／中文名索引／

# 綱、目、科別索引

## ▍昆蟲綱 ▍

# ／學名索引／

# 拜訪
# 昆蟲小宇宙
## 250隻昆蟲的趣味生活筆記

| | | |
|---|---|---|
| 作　　　者　孫淑姿 | 總 經 銷　吳氏圖書股份有限公司 | |
| | 地　　　址　新北市中和區中正路 788-1 號 5 樓 | |
| 發 行 人　程安琪 | 電　　　話　(02) 3234-0036 | |
| 總 策 畫　程顯灝 | 傳　　　真　(02) 3234-0037 | |
| 編輯顧問　潘秉新 | | |
| 編輯顧問　錢嘉琪 | 初　　　版　2014 年 02 月 | |
| | 定　　　價　新台幣 250 元 | |
| 總 編 輯　呂增娣 | ISBN　978-986-6293-06-1 | |
| 執行主編　鍾若琦 | | |
| 主　　　編　李瓊絲 | ◎版權所有 ‧ 翻印必究 | |
| 編　　　輯　吳孟蓉、程郁庭、許雅眉 | 書若有破損缺頁 請寄回本社更換 | |
| 美術主編　潘大智 | | |
| 美術設計　劉旻旻 | | |
| 行銷企劃　謝儀方 | | |
| 出 版 者　旗林文化出版社有限公司 | | |

http://www.ju-zi.com.tw
三友圖書
友直 友諒 友多聞

總 代 理　三友圖書有限公司
地　　　址　106 台北市安和路 2 段 213 號 4 樓
電　　　話　(02) 2377-4155
傳　　　真　(02) 2377-4355
E － mail　service@sanyau.com.tw
郵政劃撥　05844889 三友圖書有限公司

國家圖書館出版品預行編目 (CIP) 資料

拜訪昆蟲小宇宙：250 隻昆蟲的趣味生活
筆記 / 孫淑姿著 . 繪圖 . -- 初版 . -- 臺北市
：旗林文化 , 2014.02
　　面；　公分
ISBN 978-986-6293-06-1( 平裝 )

1. 昆蟲 2. 通俗作品

　　　　387.7　　　　103000157

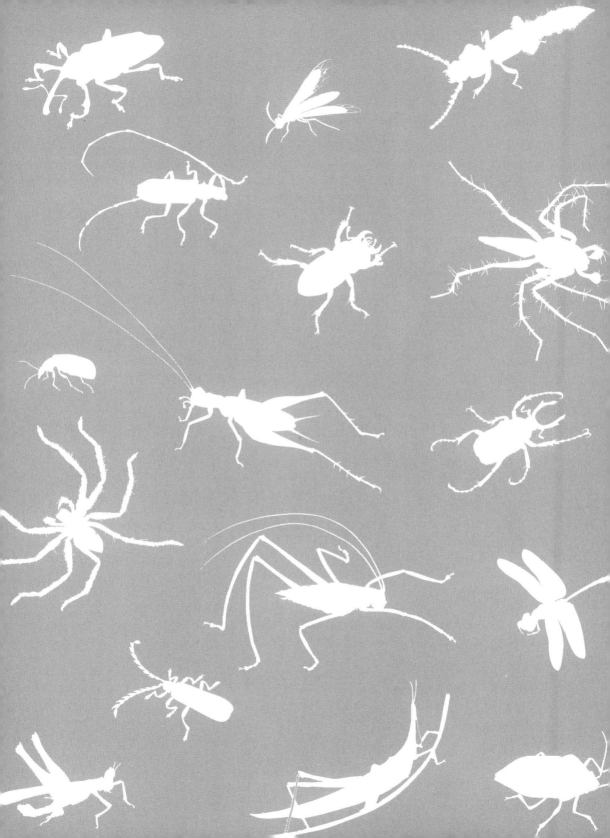